AF373156

LA RECHERCHE
PASSIONNÉMENT

PIERRE JOLIOT

LA RECHERCHE
PASSIONNÉMENT

À Anne, ma femme.

I

INTRODUCTION

Ma conception de la recherche a été profondément marquée par mon éducation au sein d'une
famille où la recherche a été pratiquée par deux
générations successives, mes grands-parents, Pierre
et Marie Curie, puis mes parents, Frédéric et Irène
Joliot-Curie. Mes origines familiales ne me confè-
rent aucune légitimité particulière si ce n'est de
pouvoir témoigner, à titre personnel ou par
personne interposée, d'une expérience et d'une
pratique de la recherche qui remontent à plus d'un
siècle. J'ai été éduqué dans le respect de valeurs qui

apparaissaient comme essentielles à l'époque. Aujourd'hui, ces même valeurs sont souvent considérées comme obsolètes et parfois même accusées de constituer un obstacle au développement d'une recherche moderne et compétitive.

Après presque un demi-siècle consacré à la recherche, métier que j'exerce toujours avec la même passion, j'ai voulu communiquer quelques réflexions sur son évolution, face aux révolutions successives qui ont ponctué le siècle dernier. Le lecteur jugera si ces réflexions sont porteuses d'avenir ou si elles n'expriment que le regret d'une jeunesse, toujours plus belle que le présent. J'éprouve en effet une inquiétude, voire une révolte, devant la dégradation des conditions de travail que rencontrent les chercheurs, particulièrement les plus jeunes d'entre eux. La course vers toujours plus d'efficacité, de compétitivité et de rentabilité à court terme, fondement de nos sociétés libérales, pollue progressivement les modes d'organisation de la recherche. Une telle politique peut à terme inhiber nos capacités d'innovation et de découverte et, paradoxalement, aller à l'encontre du but poursuivi en diminuant l'efficacité de notre dispositif de recherche.

Il est évident que, face aux progrès de la connaissance et de la technologie, les conditions d'exercice du métier de chercheur ont changé et changeront encore de manière radicale. Il est donc indispensable d'adapter les modes d'organisation de la recherche à son évolution permanente. De passion, réservée à quelques privilégiés, elle est devenue pour beaucoup un métier comme les autres. Le siècle dernier a été marqué par une croissance quasi exponentielle du nombre de chercheurs, qui a pris fin il y a quelques dizaines d'années. La majorité des chercheurs ayant existé dans l'histoire sont actuellement en activité. La lourdeur des moyens humains et matériels mis en œuvre limite la liberté d'initiative et d'action des chercheurs. Elle implique de surcroît la mise en place d'une administration de plus en plus contraignante. Sous prétexte d'anticiper une évolution qui s'accélère, certains s'engagent dans une fuite en avant qui peut conduire à sacrifier certaines des valeurs fondatrices de la recherche. Ce sont les dangers d'une telle politique que je voudrais souligner ici.

L'ensemble de mon propos repose sur la conviction que la recherche comporte et comportera toujours une part importante d'activité créatrice. Elle représente pour moi une forme d'activité artistique qui, en tant que telle, s'appuie sur la créativité associée à un haut degré de compétence technique. Encore faut-il préciser ce que j'entends par « création » dans le domaine scientifique. Dans l'imaginaire du public, et dans celui de beaucoup de chercheurs, la notion de création est associée à un acte exceptionnel, la « découverte », susceptible d'induire ce que les philosophes appellent une « rupture épistémologique ». De telles découvertes, qui ont jalonné l'histoire de la science au cours des siècles précédents, ont toujours représenté des événements rares ne concernant qu'un nombre limité d'individus exceptionnels. En raison des progrès de la connaissance et de l'augmentation de la population des chercheurs, la probabilité pour l'un d'entre eux d'être l'auteur d'une telle découverte ne peut que diminuer. Les biologistes de ma génération ont été les témoins de plus de découvertes majeures au cours des dix premières années de leur vie scientifique que pendant le reste de leur carrière. Ainsi, la décennie 1950-1960, pendant laquelle j'ai fait mes premières armes dans la recherche, a vu l'élucidation des mécanismes fondamentaux de l'hérédité et de la synthèse des protéines. À travers la théorie chémiosmotique de Peter Mitchell, les bases conceptuelles de la bioénergétique, mon domaine de recherche, ont été établies au cours de ces mêmes années.

Le danger qui menace les chercheurs aujourd'hui serait de conclure qu'il n'y a plus rien à découvrir. L'histoire de la science montre que les théories qui paraissaient le plus solidement fondées sont amenées à être réévaluées, affinées, voire renversées. Dans un domaine de recherche en pleine expansion comme la biologie, on constate que toute avancée des connaissances génère autant d'interrogations qu'elle apporte de réponses. Je reste convaincu qu'en biologie, comme dans la plupart des disciplines, ce qui a été découvert ne représente qu'une faible part de ce qui reste à découvrir.

De nombreux augures nous annoncent régulièrement l'obsolescence de certaines disciplines scientifiques. Ces jugements hâtifs sont responsables d'erreurs stratégiques lourdes de conséquences. On assiste à la destruction systématique de savoir-faire et de compétences qu'il faut de nombreuses années pour reconstituer. La plupart du temps, ce sont les progrès dans d'autres domaines de la science qui permettent le renouveau des disciplines en perte de vitesse. Ainsi, la systématique, qui s'intéresse à la classification des êtres vivants, devenue dans les années 1950 le symbole d'une science rétrograde, a trouvé une nouvelle jeunesse grâce à la caractérisation des génomes, rendue possible par l'essor de la biologie moléculaire. De même, la radioactivité, au début des années 1920, était considérée comme une science moribonde dont l'ambition se limitait à préciser des données quantitatives comme, par exemple, la durée de vie des radioéléments naturels. Cette discipline portait cependant en elle l'une des révolutions scientifiques majeures de ce siècle qui devait ouvrir la compréhension et la maîtrise de l'atome.

Je suis convaincu que les chercheurs aujourd'hui – qu'ils s'intéressent à des disciplines nouvelles ou traditionnelles – ont devant eux des champs de recherche quasi illimités qui leur permettront d'exprimer leur créativité. Encore faut-il avoir conscience que la plupart des futures avancées de la science ne concerneront plus que des domaines restreints de la connaissance. Les découvertes bouleversant notre conception du monde deviendront l'exception. Aujourd'hui encore plus qu'hier, il me semble essentiel de convaincre les jeunes chercheurs qu'une démarche créative peut s'exercer à des niveaux très divers et ne concerne pas simplement une frange très limitée d'individus exceptionnels. C'est une attitude d'esprit accessible à beaucoup, pourvu qu'on laisse à chacun une chance d'exprimer l'originalité qu'il porte en lui. Comme dans toute forme d'art, la peinture par exemple, il existe un continuum entre l'œuvre d'un Rembrandt et celle, également respectable, d'un peintre du dimanche. La beauté de notre métier réside dans le fait que les progrès de la science ne reposent pas exclusivement sur les découvertes de quelques rares génies, mais également sur l'activité créatrice plus modeste pratiquée au quotidien de très nombreux chercheurs. Cette créativité peut se manifester aussi bien dans la conception et la réalisation d'expériences, dans l'élaboration de modèles interprétatifs que dans le développement d'instrumentations originales. Ainsi, je crois avoir été un chercheur créatif, bien qu'aucune de mes contributions n'ait apporté de révolution majeure dans la biologie.

Une ambition intellectuelle excessive paralyse beaucoup de jeunes chercheurs qui se fixent comme but ultime « la » ou « les » découvertes majeures. Ils sont alors condamnés à un sentiment permanent de frustration qui peut les conduire à la stérilité. Le désir de faire preuve d'originalité à un niveau plus modeste, tout en s'appuyant sur une grande maîtrise des aspects techniques du travail, permet de mener une vie scientifique plus équilibrée et plus gratifiante.

Une démarche créative suppose de privilégier, au moins transitoirement, une approche intuitive par rapport à une approche logique, rarement capable de générer des idées nouvelles. Quels que soient les domaines de la science, la démarche logique doit intervenir *a posteriori* pour valider ou rejeter une idée originale. Même dans le domaine des mathématiques où la rigueur joue un rôle essentiel, Henri Poincaré privilégiait la démarche intuitive comme seule capable de faire progresser la connaissance. L'importance et les limites du rôle joué par la logique dans les mathématiques, comme dans l'ensemble des sciences, me paraissent être parfaitement résumées par cette phrase lapidaire d'un autre mathématicien de renom, André Weil : « La logique est l'hygiène des mathématiques, elle n'en est pas l'aliment. »

Face à une recherche dont l'ambition principale est d'innover, je ne sous-estime cependant pas l'importance d'une recherche privilégiant le quantitatif sur le qualitatif. Ces recherches, qui mettent en œuvre une démarche expérimentale répétitive fondée sur des bases conceptuelles bien établies, représentent également un facteur essentiel de progrès. Le décryptage en cours du génome de l'homme, d'animaux, de plantes ou de bactéries en est un bon exemple. Dans ces domaines, l'innovation porte le plus souvent sur le développement de techniques automatisées originales, aptes à collecter une masse de données expérimentales, plutôt que sur l'élaboration de concepts nouveaux. Les connaissances ainsi acquises permettent d'établir des bases solides sur lesquelles pourra s'appuyer une recherche plus créative. Je ne me fais cependant aucun souci pour le développement de telles recherches, faciles à programmer, à évaluer et donc privilégiées par les structures de financement, publiques ou privées. Face à de telles démarches qui risquent progressivement d'envahir l'ensemble des champs scientifiques, il me paraît indispensable de préserver des « niches écologiques » où une recherche plus créative continuera à s'exprimer.

La recherche, pratiquée comme une activité créatrice, comporte nécessairement un caractère ludique. Elle impose une dialectique subtile où alternent phases d'interprétation et de théorisation, périodes de conception et de réalisation d'expériences destinées à tester la validité d'un modèle. Enfin, les réponses apportées par la nature sont souvent inattendues et relancent aussitôt le processus de réflexion et d'interprétation. Il s'agit là d'un véritable jeu de piste qui consiste à découvrir l'énigme posée par la nature. Opposer les mérites respectifs des approches théoriques et expérimentales dans le processus de création scientifique me paraît un faux débat. On constate que les grands théoriciens ont toujours su appréhender et mettre à profit les richesses de l'expérience. De même, une approche expérimentale coupée de toute tentative d'interprétation se révèle le plus souvent stérile. Les « mesureurs » dont l'ambition se limite, par exemple, à améliorer de quelques décimales la précision d'une mesure sont rarement les « découvreurs ». Une confrontation permanente entre théorie et expérience est une condition nécessaire à l'expression de la créativité. À chacun d'entre nous de privilégier, en fonction de ses goûts et de ses aptitudes, l'une ou l'autre de ces démarches qui ne doivent jamais s'ignorer.

Au jeu intellectuel que représente la confrontation permanente entre les modèles théoriques et la réalité, il faut ajouter le plaisir physique que beaucoup d'entre nous retirent de la pratique expérimentale. Une expérience bien conçue et bien conduite procure un plaisir comparable à celui qu'éprouve l'artisan devant un travail bien fait. De plus, la pratique de la recherche nous apporte souvent un plaisir esthétique, évident dans les sciences qui impliquent un contact direct avec la nature, mais qui se rencontre aussi dans des domaines plus inattendus. Sans avoir conscience des risques qu'ils prenaient, Pierre et Marie Curie admiraient dans la pénombre de leur laboratoire l'étrange luminescence émise par un récipient contenant du radium. La représentation d'une fonction mathématique, les gerbes de particules produites par un accélérateur, une réaction chimique peuvent être d'une grande beauté. En ce qui me concerne, je prends un plaisir toujours renouvelé à découvrir les figures complexes et inattendues qui s'affichent sur l'écran de mon ordinateur et qui traduisent d'une manière symbolique les multiples réactions se produisant au sein de l'appareil photosynthétique, objet de mes investigations.

J'ai essayé de résumer le message essentiel que j'ai reçu de mes parents. La recherche doit avant tout être un jeu et un plaisir. Rien n'excédait plus ma mère que l'image de savants martyrs de la science souvent donnée de ses parents, Pierre et Marie Curie. J'ai appris que les obstacles ne se franchissent pas en force mais au contraire en contournant les difficultés, en essayant de multiples voies d'approche et en faisant preuve du maximum de fantaisie, en d'autres termes, en « jouant » avec le problème posé. Je dois cependant reconnaître que, lycéen ou jeune étudiant, ce discours me semblait représenter une vue idéalisée de la science. Face aux succès exceptionnels rencontrés par les deux générations de scientifiques qui m'avaient précédé, la réussite dans le domaine scientifique se mesurait pour moi en termes de découvertes reconnues comme majeures par la communauté scientifique et même à l'extérieur de cette communauté. Une telle réussite m'apparaissait bien évidemment hors d'atteinte. Une semaine de pratique de la recherche m'a convaincu que ce métier m'apporterait au quotidien suffisamment de plaisir et de satisfaction pour que le désir de reconnaissance, et son caractère souvent dérisoire, passe au second plan. C'est certainement cet aspect ludique de la science et les joies qui lui sont associées qui m'ont permis d'oublier, dès mes premiers contacts avec la recherche, le handicap que représentait pour un chercheur débutant la certitude qu'il ne pourrait faire que moins bien que ses parents et ses grands-parents. C'est l'excitation que procure la poursuite d'un jeu toujours renouvelé qui me permet, un demi-siècle plus tard, de pratiquer ce métier avec le même enthousiasme et le même plaisir, suscitant parfois un regard ironique mais indulgent de la part de jeunes collaborateurs.

L'abandon de valeurs considérées comme obsolètes ou idéalistes me paraît l'un des facteurs responsables de la crise des vocations scientifiques qui frappent actuellement l'ensemble des pays industrialisés. Si, reproduisant les idéaux de la société libérale, on fixe au chercheur comme but ultime de devenir un « manager » ou un chef d'entreprise à la tête d'une troupe d'exécutants engagés dans une compétition sans merci, je ne vois pas ce qui pourrait attirer un jeune étudiant talentueux vers notre métier. Devenir un chercheur suppose de longues et difficiles études, suivies d'une sélection particulièrement rigoureuse. Le monde des entreprises qui privilégie l'esprit de compétition offre de nombreuses carrières plus faciles d'accès et beaucoup plus rémunératrices. En éliminant de la recherche les composantes ludiques et esthétiques, en d'autres termes en supprimant la part de rêve qui leur est associée, nous ne pourrons jamais lutter à armes égales pour attirer les esprits exceptionnels. Il est certain que, si la vision d'une science pure et désintéressée relève maintenant d'une utopie dépassée, il n'en reste pas moins que l'appât du gain ne représentera jamais la motivation principale du chercheur. La recherche risque de devenir aussi incapable d'attirer les forts en thème, tels que les sélectionnent, par exemple, les concours des grandes écoles, que de séduire les personnalités marginales, les « artistes », qui privilégieront toujours des valeurs autres que celles qui dominent actuellement notre société.

L'activité créatrice s'est toujours avérée rebelle à toute logique organisationnelle. Une organisation trop rationnelle de la science, tendant à optimiser le rendement des investissements consentis, peut conduire à une stérilisation de notre appareil de recherche en éliminant avec une efficacité égale les branches mortes improductives et les personnalités hors norme et par conséquent difficiles à évaluer. Je tenterai donc de montrer que l'évolution actuelle, qui privilégie l'efficacité et la compétitivité à court terme, peut conduire à la fois à un affaiblissement des capacités d'innovation et de création et au tarissement d'un recrutement d'excellence.

II

RECHERCHE FONDAMENTALE ET RECHERCHE APPLIQUÉE

La société trouve deux types de justifications au développement des activités de recherche. Une première justification, d'ordre culturel, est de faire progresser la compréhension du monde qui nous entoure. Ce patrimoine culturel, constamment enrichi par les progrès issus de la recherche fondamentale, intègre également l'évolution de notre environnement technologique. Une seconde justification, à laquelle les politiques sont plus sensibles, met en avant les bénéfices de tous ordres que la société peut espérer d'un progrès de la connaissance et des progrès technologiques qui lui sont associés.

Un développement harmonieux de la recherche suppose un continuum d'activités qui s'étend de la recherche fondamentale jusqu'aux programmes technologiques en passant par la recherche finalisée et appliquée. Ces différentes formes de recherches présentent des caractères spécifiques qu'il me paraît important de souligner. L'objectif de la *recherche fondamentale* est avant tout le progrès de la connaissance et cela dans tous les secteurs de la science sans exclusives. Une telle recherche, dont la vocation est essentiellement cognitive, ne peut être pratiquée efficacement que dans un climat de liberté intellectuelle. Cette liberté concerne aussi bien les sujets de recherche que leur mode d'approche. L'objectif de la *recherche finalisée* est au contraire de répondre à des besoins précis, exprimés par la société dans des domaines où les bases conceptuelles disponibles sont encore insuffisantes. Il s'agit donc d'une forme de recherche hybride. Elle se propose à la fois de faire progresser la connaissance tout en restant ciblée sur des objectifs bien définis. On peut citer comme exemple les recherches sur le cancer ou, dans l'actualité, les recherches sur le prion, responsable de la maladie de la « vache folle ». Les processus par lesquels une protéine, en l'absence de tout matériel génétique, peut présenter un caractère infectieux pose à la biologie des problèmes entièrement nouveaux sur le plan conceptuel. La recherche finalisée a souvent conduit, à travers des programmes ambitieux mais prématurés, à des échecs particulièrement coûteux pour la société. Je définirai enfin la *recherche appliquée* comme une recherche de caractère technologique, se fixant pour objectif le transfert de connaissances acquises dans le cadre d'une recherche fondamentale ou finalisée vers des applications concrètes. Il s'agit donc généralement de recherches à court terme qui s'appuient sur des bases conceptuelles déjà établies. Dans la mesure du possible, de telles recherches doivent être menées en relation étroite avec le monde industriel, agroalimentaire ou médical susceptible de tirer parti des progrès technologiques réalisés.

Personne ne peut nier que recherche fondamentale, recherche finalisée et appliquée se fécondent mutuellement. Les grandes révolutions technologiques sont généralement fondées sur des découvertes obtenues dans le cadre d'une recherche fondamentale dont le seul but était le progrès de la connaissance. De même, la recherche fondamentale ne peut progresser qu'en s'appuyant sur les instrumentations de plus en plus sophistiquées issues du progrès technologique. De plus, recherche appliquée et finalisée peuvent être à l'origine de faits inattendus qui ouvriront des voies nouvelles à la recherche fondamentale. L'insuffisance des interactions et des transferts de connaissance entre recherche fondamentale et recherche appliquée représente l'une des faiblesses du dispositif de recherche français. Cependant, la nécessité de promouvoir des interactions plus étroites ne doit pas nous conduire à nier les différences profondes qui les séparent, tant dans la pratique quotidienne du métier de chercheur que sur le plan organisationnel.

L'augmentation permanente du coût de la recherche conduit très naturellement les décideurs du monde politique ou économique à justifier les investissements importants que nécessite la recherche par leur rentabilité économique ou, tout au moins, par les bénéfices de tous ordres que la société peut en retirer. Ils sont ainsi tentés de privilégier les recherches supposées rentables aux dépens d'une recherche dont la seule vocation est le progrès des connaissances. En face des difficultés de financement que rencontrent les chercheurs, ceux-ci sont tentés de justifier une recherche cognitive par des promesses d'applications à court terme, qu'ils considèrent eux-mêmes comme irréalistes. Une telle attitude me paraît inacceptable d'un point de vue éthique et dangereuse sur le plan politique. En effet, les promesses inconsidérées et non tenues participent à la perte de crédibilité des scientifiques et de la science dans l'opinion publique. De plus, on aurait tort de sous-estimer les hommes politiques en profitant de leur relative incompétence dans le domaine scientifique pour leur « vendre » des projets irréalistes dont ils seront rapidement en mesure d'apprécier l'inefficacité. Il me paraît plus honnête, mais également plus efficace, de défendre la recherche fondamentale pour ce qu'elle est. S'appuyer sur l'expérience du passé devrait suffire à démontrer que la plupart des révolutions technologiques sont issues de recherches dont la seule motivation était le progrès de la connaissance.

J'ai pu mesurer, dans mon propre domaine, les conséquences néfastes des effets de mode imposés par un besoin pressant de la société. Je m'intéresse depuis plus de quarante ans à l'étude des mécanismes fondamentaux de conversion de l'énergie solaire en énergie chimique dans l'appareil photosynthétique des algues et des plantes vertes. Le processus photosynthétique joue un rôle central dans les équilibres de la biosphère, en assurant le renouvellement de l'oxygène atmosphérique et la synthèse des produits carbonés consommés par la totalité des êtres vivants. La compréhension des mécanismes de conversion d'énergie et de transferts d'électrons qui se produisent au sein des organites contenant la chlorophylle – les chloroplastes – soulève des questions à la frontière de la biologie et de la physique expérimentale et théorique.

Lors des premières crises pétrolières, l'intérêt porté au développement de sources d'énergies renouvelables a mis ce domaine de recherche en vedette. On a vu alors apparaître dans tous les pays industrialisés une floraison de programmes, largement dotés, destinés à soutenir les recherches sur la photosynthèse et sur d'autres sources d'énergies renouvelables. Cette manne financière s'est traduite par la création de laboratoires spécialisés et par l'émergence de projets dont une majorité était irréaliste. Citons par exemple l'utilisation de l'appareil photosynthétique comme générateur d'électricité, l'adaptation des algues à la production de masse d'hydrogène gazeux ou la production de pétrole synthétisé par certaines algues sous forme de micro-inclusions.

Ces projets relevaient plus de la science-fiction

que de la réalité économique, mais, en l'absence de toute évaluation objective, ils ont été largement financés. Reconnaissons que, dans l'enthousiasme général, un certain nombre de programmes de recherche cognitive de bonne qualité ont été soutenus, sous réserve toutefois que la part de financement qui leur était réservée restât marginale. Le simple bon sens, associé à une estimation grossière de la rentabilité économique de ces projets, aurait cependant permis d'éviter les erreurs les plus flagrantes. Devant l'absence de résultats tangibles, les sources de financement se sont rapidement taries, et plusieurs laboratoires créés à la hâte ont été fermés. Depuis, la chute du prix du pétrole s'est traduite, à tort, par un désintérêt pour le développement des énergies renouvelables. À l'heure actuelle, l'effort consacré à notre domaine de recherche me paraît notoirement insuffisant. L'appareil photosynthétique représente pourtant un objet privilégié dont l'étude permettra de mieux comprendre les mécanismes complexes, processus respiratoires ou photosynthétiques, qui assurent l'alimentation en énergie des êtres vivants. Ce processus représente également un merveilleux modèle pour l'étude des réactions se produisant au niveau des membranes biologiques, composantes essentielles de toute cellule vivante. Ce domaine de recherche mériterait certainement plus d'attention et d'effort qu'il ne lui en est actuellement consacré.

Le programme de recherche sur le cancer, lancé il y a une vingtaine d'années aux États-Unis sous la présidence de Richard Nixon, est un exemple beaucoup plus coûteux et inutile pour la société d'une programmation volontariste dont la motivation était pourtant parfaitement recevable. S'inspirant du succès remporté par le programme Apollo qui conduisit à la conquête de la Lune, le président Nixon décide en 1971 de lancer un programme ambitieux, le « *National Cancer Program* », présenté comme une véritable déclaration de guerre au cancer, en investissant une somme globale atteignant 25 milliards de dollars, somme correspondant à l'époque au budget de la totalité des organismes publics de recherche français pour une période de près de dix ans. Force est de constater que cet effort colossal ne s'est pas traduit par une diminution du taux de mortalité par le cancer aux États-Unis et n'a pas permis de faire progresser de manière significative les possibilités de traitement de cette maladie. Les véritables verrous se situent au niveau de nos connaissances de base dans le domaine de la biologie cellulaire, et des progrès ne peuvent être espérés que par un soutien tous azimuts de la recherche en biologie fondamentale.

L'exemple particulièrement angoissant posé par le sida, ou plus récemment par la maladie de la « vache folle », doit également nous amener à réfléchir sur une juste répartition des efforts entre recherche fondamentale et recherche finalisée. Notre incapacité à réagir rapidement et efficacement en face de ces nouveaux fléaux est incontestablement liée à un déficit de nos connaissances en biologie fondamentale. S'il est indispensable de poursuivre un effort de recherche finalisée et appliquée dans ces différents domaines, il faut garder à l'esprit que les progrès décisifs résulteront probablement de découvertes inattendues relevant d'une recherche fondamentale non programmée.

Il serait possible de multiplier les exemples touchant à tous les domaines de la science et qui soulignent le gâchis sur le plan humain et financier résultant des effets de mode imposés par une demande pressante de la société. Même quand leur intérêt immédiat est en jeu, le devoir des chercheurs est de ne pas encourager l'émergence de tels processus. Il en va de la crédibilité de la communauté scientifique auprès de la société.

Face à ces dérives, certains éludent la difficulté en prétendant que la distinction entre les différentes formes de recherche s'abolit progressivement et ne mériterait plus d'être prise en compte sur le plan organisationnel. Il serait ainsi possible de transférer à la recherche fondamentale une partie des moyens considérables que les instances décisionnelles sont disposées à consacrer à la recherche finalisée. Ce point de vue, inspiré ou non par des considérations de politique à court terme, me paraît profondément erroné. La recherche fondamentale s'inscrit dans une logique de la connaissance et doit donc couvrir l'ensemble des domaines de la science. De plus, la recherche fondamentale échappe en général à toute possibilité de programmation. D'une manière quelque peu simpliste, on peut dire qu'il n'est possible de programmer que ce que l'on connaît déjà. La programmation est donc, par essence, antinomique de la recherche fondamentale, qui a vocation d'explorer l'inconnu. Depuis plus d'un siècle, tous les grands chercheurs et découvreurs délivrent inlassablement ce même message, parfois accepté, du bout des lèvres, par les instances dirigeantes mais rarement pris en compte sur le plan opérationnel.

La futurologie, qui prétend prévoir l'avenir, est une activité le plus souvent stérile, qu'il s'agisse de science, d'économie ou de politique. Aucune des révolutions successives qui ont marqué le monde depuis le début de l'ère industrielle n'a été prévue par les futurologues qui, par essence, en sont toujours réduits à des extrapolations hasardeuses fondées sur le passé. Ni la révolution informatique ni la chute brutale du monde soviétique n'ont été prévues par les futurologues.

Au caractère imprévisible des découvertes à venir se superpose l'impossibilité d'en prévoir les conséquences et les applications potentielles. Les mathématiques fournissent de nombreux exemples de recherches considérées comme ésotériques, qui se sont révélées, parfois à très long terme, comme porteuses d'applications inattendues. Les recherches de logique formelle poursuivies par Boole, mathématicien anglais de la première moitié du XIXe siècle, se sont révélées un siècle plus tard indispensables au développement de l'informatique. En cherchant à interpréter la dépendance vis-à-vis de la longueur d'onde de l'émission de la lumière par un corps noir, question académique s'il en fut, Planck a jeté les bases de la physique quantique sur laquelle reposent directement ou indirectement la plupart des technologies modernes et tout particulièrement celles liées à l'informatique et à la communication.

Je développerai un exemple qui me touche de près : la découverte de la radioactivité artificielle par mes parents, Frédéric et Irène Joliot-Curie. Qui pouvait deviner que cette découverte, qui, sur le plan cognitif, ne concernait que la physique nucléaire, révolutionnerait bien d'autres domaines de la science et de la technologie ? La création d'isotopes radioactifs, dont les propriétés chimiques sont identiques à celles des isotopes naturels, a permis de marquer les molécules d'intérêt biologique. Il devient alors possible de suivre le devenir de ces molécules marquées au sein des cellules et des organes des êtres vivants. Une part importante des progrès de la biologie moderne a reposé sur cette technique universellement adoptée. La découverte de la radioactivité artificielle a eu bien d'autres applications, dans des domaines très divers tels que les sciences de la terre ou l'industrie. Certes, mes parents ont très vite compris l'intérêt pratique de leur découverte mais par une démarche *a posteriori* qui n'a joué aucun rôle dans le choix ou dans la conduite de leur recherche. En revanche, on peut affirmer que le lancement *a priori* d'un programme qui aurait eu pour objectif la réalisation de molécules marquées n'aurait eu aucune chance de succès.

On pourrait multiplier les exemples qui démontrent que les possibilités d'applications pratiques d'une découverte relèvent le plus souvent du pur hasard. De la même manière, il est impossible de prédire les conséquences positives ou négatives du progrès de nos connaissances. Toute découverte porte en elle des applications utiles ou néfastes, et on peut rappeler à ce sujet les phrases si souvent citées, prononcées par Pierre Curie lors de sa conférence Nobel en 1905 : « On peut concevoir que dans des mains criminelles le radium puisse devenir très dangereux et, ici, on peut se demander si l'humanité a avantage à connaître les secrets de la nature, si elle est mûre pour en profiter ou si cette connaissance ne lui sera pas nuisible. Je suis de ceux qui pensent avec Alfred Nobel que l'humanité tirera plus de bien que de mal des découvertes nouvelles. » Les chercheurs doivent partager avec tous les citoyens le devoir de lutter pour que cet acte de foi dans l'avenir de la science et de l'humanité ne reste pas un vœu pieux.

À l'impossibilité de prévoir l'impact réel de la recherche fondamentale s'ajoutent les incertitudes sur le délai qui sépare une découverte de ses applications. Ainsi, en 1890, la découverte par Röntgen des rayons X et l'une de leurs applications les plus spectaculaires, la radiographie, furent pratiquement simultanées. Il est piquant de constater que Röntgen, probablement excédé par le succès populaire de sa découverte qui avait trouvé un champ d'application dans les foires – « je ne suis pas un photographe », déclarait-il –, a rapidement abandonné ce domaine de recherche et a – semble-t-il – refusé que ce nouveau rayonnement porte son nom. Il a fallu ensuite une vingtaine d'années pour que les Bragg, père et fils, mettent au point les techniques d'analyse des cristaux fondées sur la mesure de la diffraction des rayons X, base de la cristallographie moderne. Quarante années de plus ont été nécessaires pour que cette technique permette d'élucider la structure d'une première macromolécule biologique : l'hémoglobine. Ce sont maintenant des milliers de molécules, protéines et acides nucléiques ou même des associations regroupant de nombreuses macromolécules telles que les ribosomes dont la structure tridimensionnelle a été déterminée. La possibilité de déterminer la structure tridimensionnelle de molécules immenses comportant plusieurs milliers d'atomes représente certainement l'une des conséquences les plus fécondes de la découverte de physique fondamentale de Röntgen.

On conçoit que, devant toutes ces incertitudes, les décideurs hésitent de plus en plus à financer une recherche dont ils perçoivent mal les objectifs. La solution de facilité consiste à privilégier les secteurs de recherche fondamentale supposés les plus prometteurs sur le plan des applications. Il s'agit alors, de fait, d'une forme déguisée de recherche finalisée dont les chances d'ouvrir des perpectives réellement nouvelles restent faibles. On doit donc mener un combat permanent pour convaincre les décideurs de préserver une recherche fondamentale libre et non programmée.

Aux contraintes inacceptables que représente en recherche fondamentale une programmation imposée par les décideurs même compétents s'ajoutent celles que le chercheur s'impose à lui-même lorsqu'il conçoit ses expériences et définit à moyen terme une ligne de recherche. En choisissant une formulation volontairement provocatrice, je dirais que le chercheur fondamentaliste doit avant tout être un opportuniste, prêt à infléchir à tout moment sa démarche pour tirer parti d'un résultat inattendu. Un tel résultat est souvent considéré comme un événement perturbateur qui risque d'interrompre le bon déroulement de l'expérience. Le résultat nouveau n'est pas pris en compte. Il est attribué à une erreur de l'expérimentateur, à un dysfonctionnement d'ordre technique ou à un matériel d'étude en mauvais état. Tous les chercheurs peuvent citer des exemples où, pendant des mois, voire des années, ils sont restés volontairement aveugles devant un fait nouveau. Il y a parfois une prise de conscience brutale de son importance qui conduit à redéfinir une ligne de recherche prenant compte de cette nouvelle donne expérimentale. Dans d'autres cas, cette prise de conscience n'a pas lieu, et la paresse intellectuelle ou la peur de l'inconnu nous conduisent à passer à côté de découvertes potentielles. En face d'un résultat inattendu et donc dérangeant, mon ami André Verméglio, avec qui je collabore depuis de nombreuses années, a coutume de nous mettre en garde : « Attention, on n'est jamais à l'abri d'une découverte ! » Cette boutade résume bien notre frilosité naturelle devant l'inconnu.

On entend parfois proclamer que les grandes découvertes sont le fruit du hasard. De fait, les grands découvreurs sont ceux qui savent profiter de la chance quand elle s'offre à eux. Les impératifs de rentabilité qui nous sont imposés ou que nous nous imposons sont souvent à l'origine des périodes de faible productivité qui jalonnent notre vie scientifique. Ainsi, j'ai poursuivi trop longtemps certains sujets de recherche que je n'arrivais pas à faire déboucher sur des conclusions claires. Ces situations bloquées s'expliquent généralement par le fait que nous nous enfermons dans notre propre conformisme. La crainte de perdre le bénéfice d'un investissement intellectuel et expérimental qui s'exprime parfois en années de travail nous pousse à conclure une recherche par une publication qui se révélera souvent médiocre. Il faut convaincre les chercheurs que les sujets de recherche qu'ils abandonnent, et les interrogations non résolues qui leur sont associées, représentent un véritable capital qui se construit tout au long de leur vie scientifique. J'ai ainsi repris avec succès des sujets de recherche abandonnés depuis plus de dix ans, abandon qui, à l'époque, m'avait laissé un sentiment d'amertume. Le progrès des connaissances nous permet de faire fructifier cet investissement, tout en profitant du recul indispensable pour nous évader du dogmatisme dans lequel nous nous étions laissé enfermer.

L'activité créatrice doit conduire à une prise de risques permanente. Elle est indissociable du droit à l'échec et à l'erreur. La peur de l'échec explique que beaucoup de chercheurs se contentent de conforter les concepts et les dogmes dominants de leur époque. Au contraire, toute intuition originale doit, lorsque cela est techniquement possible, être soumise à l'épreuve de l'expérience. Une analyse rigoureuse, nécessairement fondée sur les connaissances en vigueur, peut conduire à rejeter cette intuition. Ce sont les démarches à faible probabilité de succès qui sont généralement à l'origine des percées mettant en cause les concepts dominants.

Les espaces de liberté, indispensables à l'expression de la créativité des chercheurs, sont malheureusement réduits par l'augmentation du coût de la recherche et, dans certains domaines, par le délai croissant qui sépare un projet d'expérience de sa réalisation. Citons, à titre d'exemple, la physique des hautes énergies, l'astronomie observationnelle ou l'exploration spatiale qui, en raison de l'énormité des moyens techniques mis en œuvre et donc des budgets correspondants, imposent une programmation à long terme particulièrement rigoureuse. Dans le cas de la physique des hautes énergies, la liberté d'initiative des chercheurs s'exprime plus au niveau des approches théoriques qu'à celui des approches expérimentales. Les expériences à haut risque sont éliminées au profit d'expériences à forte probabilité de succès et destinées à vérifier la validité de modèles théoriques établis au préalable. On doit alors concevoir des démarches expérimentales qui, tout en satisfaisant aux contraintes imposées par la programmation, sont en mesure de détecter des phénomènes inattendus ouvrant ainsi des fenêtres sur l'inconnu. C'est à mon avis l'un des grands défis de l'avenir que de préserver la créativité des chercheurs face aux contraintes d'ordre financier et organisationnel de plus en plus lourdes. Il est émouvant pour moi de rappeler la conclusion de la dernière conférence que Frédéric Joliot-Curie prononça peu avant sa mort devant une assemblée de prix Nobel de chimie à Lindau. Dans cette conférence, consacrée au nouveau laboratoire de physique nucléaire d'Orsay dont il était, avec ma mère, le créateur, mon père exprimait sa nostalgie d'une époque récente où les expériences fondatrices de la physique nucléaire pouvaient être réalisées sur la table en bois d'un petit laboratoire. De même, le temps nécessaire de la conception à la réalisation puis à l'interprétation d'une expérience s'exprimait en jours et non en années. Mon père écrivait : « Un centre moderne de recherche fondamentale en physique nucléaire présente à première vue, pour le visiteur non averti, un caractère industriel. Le chercheur ne risque-t-il pas de se sentir écrasé par ce déploiement, certes indispensable, d'appareils énormes et onéreux ? Il ne se sent plus libre de procéder par rature comme autrefois. Il sent sa responsabilité fortement engagée pour entreprendre un travail. Expérimenter avec peu de chance de succès, simplement "pour voir", présente maintenant de réelles difficultés et pourtant la découverte n'est-elle pas souvent une surprise ? Dans cette transition de l'échelle artisanale à l'échelle industrielle, il me semble indispensable d'être conscient de ces dangers et de trouver les conditions d'utilisation de l'équipement qui n'étoufferont pas la personnalité du chercheur. On ne peut faire œuvre originale à la chaîne. » L'un des principaux fondateurs de la physique lourde en France exprimait ainsi ses interrogations sur l'évolution d'une discipline qu'il avait contribué à créer. Depuis, la course au gigantisme s'est accélérée. En moins d'un demi-siècle, la taille des accélérateurs de particules est passée des quelques mètres du synchrocyclotron d'Orsay aux ouvrages cyclopéens, tels que le LEP construit à Genève, où des particules tournent à des vitesses proches de la lumière dans un anneau de 30 km de circonférence. C'est probablement cette prise de conscience de l'évolution irréversible de sa discipline qui a conduit mon père à me conseiller de me tourner vers la biologie. Il pensait, à juste titre, que je pourrais plus facilement retrouver les joies qu'il avait lui-même éprouvées une vingtaine d'années auparavant dans le domaine de la physique nucléaire, alors à ses premiers balbutiements.

Lorsqu'on examine les budgets consacrés à la recherche dans la plupart des pays industrialisés depuis quelques décennies, on constate que les sciences « lourdes » et donc les plus coûteuses pour la société, telles que la physique des hautes énergies ou la recherche spatiale, ont généralement fait l'objet, de la part des pouvoirs publics, d'un financement privilégié. L'argument des applications pratiques ne peut être avancé dans la mesure où ces disciplines restent essentiellement tournées vers l'acquisition de connaissances nouvelles. Ce paradoxe apparent reflète que l'intérêt d'un projet scientifique aux objectifs bien définis est mieux perçu et par les politiques et par l'ensemble des citoyens. Face à ces projets bien structurés, le financement d'une recherche fondamentale, dont les objectifs ne peuvent être clairement précisés et dont l'impact est difficile à prévoir tant sur le plan du progrès de la connaissance que sur celui des applications, apparaît souvent aux yeux des décideurs comme un luxe non prioritaire. Sans condamner les projets ambitieux, dont certains tendent à répondre à des interrogations fondamentales comme l'existence d'une vie extra-terrestre ou l'origine de l'univers, il me semble nécessaire d'assurer un meilleur équilibre entre le financement des sciences dites « lourdes » et « légères ».

À l'inverse de la recherche cognitive, la recherche appliquée se prête à une programmation à court ou moyen terme, sous la réserve essentielle que ces applications soient fondées sur des bases conceptuelles bien établies. Une programmation efficace de ce type de recherche doit cependant préserver les espaces de liberté nécessaires à l'expression de la créativité des chercheurs, tout aussi essentielle que dans le cas de la recherche fondamentale. La créativité s'exprime alors en termes plutôt d'innovation que de découverte. Dans le monde industriel, le financement d'une recherche appliquée de qualité se heurte, au même titre que la recherche fondamentale, à l'un des syndromes majeurs qui caractérisent la société libérale : la maladie du court terme. Sous la pression du marché et de la Bourse, les entreprises industrielles, dont l'une des vocations essentielles devrait être de promouvoir une recherche appliquée de qualité, sont mises en demeure de rentabiliser rapidement tout investissement. On observe alors que de nombreux programmes de recherche prometteurs sont abandonnés prématurément sous prétexte qu'ils ne sont pas immédiatement rentables. Une telle politique conduit à un gâchis financier et peut se traduire à terme par un écroulement des capacités d'innovation des entreprises.

La nécessité d'une programmation rigoureuse est particulièrement évidente dans le cas des grands programmes technologiques qui reposent en partie sur le développement d'une recherche appliquée. Les programmes spatiaux développés aux États-Unis et en URSS dans les décennies qui ont suivi la Seconde Guerre mondiale illustrent parfaitement ce propos. Dans le domaine spatial, les bases conceptuelles concernant en particulier les lois de la mécanique céleste sont connues depuis le XIXᵉ siècle. Les premières tentatives américaines, effectuées en ordre dispersé, se sont soldées par des échecs successifs. Bien que s'appuyant sur une technologie moins évoluée, le programme soviétique, fortement structuré et planifié, s'est avéré d'une grande efficacité. Instruite par les échecs précédents, la NASA a développé, avec le succès que l'on connaît, le programme Apollo qui devait conduire à la conquête de la Lune. À côté de ces grandes aventures technologiques, l'effort de recherche appliquée alimente essentiellement des programmes moins ambitieux mais mieux adaptés aux besoins de la société. Ce sont eux qui irrigueront le plus efficacement le tissu des petites entreprises qui forment les structures les plus dynamiques et créatrices d'emplois de notre société. Bien que ces recherches laissent plus de place à l'initiative individuelle, elles peuvent s'inscrire logiquement dans un effort de programmation à moyen terme. C'est d'ailleurs dans ce domaine que les structures de recherche françaises apparaissent les plus inadaptées.

À la différence de la recherche fondamentale, la pratique de la recherche appliquée impose une continuité dans l'effort et ne s'accommode pas de changements de cap trop fréquents. Elle doit s'inscrire dans une logique définie par le chercheur lui-même ou par la demande extérieure. De plus, l'impact potentiel de la recherche appliquée sur la société peut imposer au chercheur des contraintes éthiques qui limiteront obligatoirement sa liberté d'action. On peut donner comme exemple les recherches portant sur la création d'organismes génétiquement modifiés. Ces techniques, qui peuvent apporter des réponses à des problèmes aussi angoissants que celui de la faim dans le monde, sont également porteuses de dangers écologiques potentiels quand elles sont maniées sans discernement et dans la seule perspective d'un profit immédiat. Si je récuse toute attitude de principe qui, sur des bases scientifiquement et moralement non fondées, interdirait le recours à de telles techniques, le chercheur travaillant dans de tels domaines doit se sentir investi de responsabilités particulières qui peuvent représenter un frein à l'expression de sa créativité.

Reconnaître la profonde différence de démarche entre la recherche fondamentale et la recherche appliquée n'implique en aucune manière que ces deux activités ne puissent être pratiquées par les mêmes individus. Les chercheurs, auteurs d'une découverte, sont souvent les mieux placés pour en développer les applications. Ils doivent s'y impliquer et collaborer à des activités de transfert de connaissances vers l'aval. De plus, la pratique par un même chercheur d'une activité de recherche fondamentale et d'une activité de recherche appliquée est un facteur d'équilibre psychologique, toujours fragile chez lui. En effet, la prise permanente de risques qui caractérise la recherche fondamentale implique nécessairement des périodes d'échec particulièrement déstabilisantes. Mener en parallèle une activité de recherche appliquée dont les résultats sont moins aléatoires permet plus facilement de supporter ces périodes d'échec. J'ai toujours partagé mon temps entre une recherche fondamentale consacrée à l'étude des mécanismes primaires de la photosynthèse et une activité de recherche appliquée portant sur la conception de techniques biophysiques de pointe adaptées à mes objectifs expérimentaux. Je poursuis ainsi, depuis plus de vingt ans, la mise au point de méthodes de spectrophotométrie d'absorption. Ces techniques permettent de mesurer les infimes variations d'absorption de la lumière induites par les processus de transferts d'électrons dans l'appareil photosynthétique. Il est ainsi possible d'étudier la photosynthèse *in situ*, c'est-à-dire sur un matériel biologique vivant, algues unicellulaires ou feuilles de plantes supérieures. Ce travail de caractère technologique, que j'effectue en collaboration avec Daniel Béal, ingénieur au CNRS, relève typiquement d'une recherche appliquée. Nous avons ainsi réalisé des techniques de plus en plus performantes en intégrant progressivement de nombreuses innovations qui s'inscrivent dans une démarche programmée. Nous avons cependant échoué dans nos tentatives de transfert vers l'industrie des percées technologiques réalisées à l'échelle de notre laboratoire. Les responsabilités de cet échec sont à partager entre les structures inadaptées de la recherche française dans ce domaine, une certaine paresse de notre part à nous engager à fond dans une politique de transfert et la disparition presque totale d'une industrie française de l'instrumentation dont les derniers représentants font preuve d'une grande frilosité.

Depuis une vingtaine d'années, l'une des priorités majeures des gouvernements, de gauche ou de droite, a été d'abaisser les barrières culturelles et organisationnelles qui limitent les interactions et les échanges entre recherche fondamentale et recherche finalisée. La défense d'une science pure et désintéressée, menée avec passion par Pierre et Marie Curie, qui ont toujours refusé de tirer un quelconque profit de leurs découvertes, n'est certainement plus d'actualité. On peut constater que ces barrières sont en grande partie abolies et que beaucoup de chercheurs sont maintenant disposés à participer à la valorisation de leur recherche fondamentale. Il n'en reste pas moins que, tout en recherchant les soutiens financiers qu'ils peuvent tirer de leur participation à des programmes de recherche appliquée, de nombreux chercheurs continuent à privilégier sur le plan intellectuel leur activité de recherche fondamentale, considérée comme plus noble et plus gratifiante. Une telle hiérarchisation n'est pas acceptable. Chacun doit choisir le mode d'expression qui lui convient le mieux et alterner si possible ces différentes activités. Il est cependant nécessaire d'afficher clairement nos objectifs, qu'il s'agisse de recherche fondamentale, finalisée ou appliquée, sans céder à la facilité qui consiste à justifier nos choix par des promesses que nous ne serons pas en mesure de tenir.

III

ÉVALUATION

L'efficacité de toute structure de recherche repose avant tout sur la qualité de l'évaluation des individus, des équipes et des programmes. Les méthodes d'évaluation doivent s'adapter aux spécificités respectives de la recherche fondamentale et de la recherche appliquée. L'évaluation d'une recherche créative pose les mêmes problèmes que celle de toute forme d'expression artistique. Aucun comité d'État ou privé ne s'est révélé apte à évaluer la créativité dans les domaines de la peinture, de la musique ou de la littérature, et les tentatives de création d'un art officiel se sont généralement traduites par un fiasco. Dans le passé, le mécénat, qui asservissait l'artiste à l'arbitraire d'un amateur riche et éclairé, s'est souvent révélé plus efficace que le jugement de comités d'État. Si de telles méthodes sont de toute évidence inapplicables au cas de la recherche scientifique, il n'en reste pas moins que l'évaluation de la recherche reste un problème mal résolu qui devrait faire l'objet d'une réflexion approfondie de la part de tous ses acteurs.

La liberté d'initiative que je revendique pour les chercheurs engagés dans une recherche fondamentale novatrice de plus en plus coûteuse ne peut se justifier vis-à-vis de la société que si cette recherche est évaluée avec une rigueur particulière. Cependant, je ne partage pas l'optimisme de beaucoup de mes collègues quant à la capacité de notre communauté d'évaluer ce qui est nouveau. Je ne suis pas opposé à une conception élitiste de la science, mais il faut avoir conscience que ce sont les élites elles-mêmes qui se définissent comme telles. Elles trouvent dans l'évaluation un moyen efficace pour perdurer et conforter leur pouvoir. Les élites peuvent ainsi se reproduire à l'identique, en amplifiant et pérennisant par là même les effets de mode.

Évaluation et programmation ont en commun de s'appuyer sur les connaissances acquises. L'évaluation peut donc représenter une forme particulièrement sournoise de la programmation à laquelle il est encore plus difficile de s'opposer. L'histoire des sciences nous montre que les concepts nouveaux se sont heurtés à l'incompréhension et même au rejet de la part des élites qui contrôlaient les structures d'évaluation. Le cas de la biologie moléculaire, domaine novateur et révolutionnaire dans les années 1950, est exemplaire. Son émergence a été retardée par les puissants conservatismes de l'époque. La biologie moléculaire, qui a révolutionné nos connaissances sur les mécanismes fondamentaux de l'hérédité et de la synthèse des protéines, s'est développée d'abord en dehors des structures universitaires, au sein d'instituts doués d'une certaine autonomie, comme l'Institut Pasteur. Avec quelque retard, des organismes publics tels que la Délégation générale à la recherche scientifique et technique (DGRST) puis le Centre national de la recherche scientifique (CNRS) ont pris conscience de l'importance de cette nouvelle discipline. Bien plus tard, à son tour, l'université s'est engagée dans cette révolution scientifique en créant des enseignements adaptés. Le triomphe mérité de la biologie moléculaire a provoqué l'émergence d'une nouvelle élite, qui a imposé une vision réductionniste de la biologie privilégiant les recherches au niveau moléculaire. Par là même, les disciplines s'intéressant à des niveaux plus complexes d'organisation, telles que la physiologie animale ou végétale, ont été affaiblies et parfois éliminées. La systématique, qui s'intéresse à la classification des êtres vivants, est devenue le symbole d'une science rétrograde alors qu'elle s'est révélée depuis un chaînon essentiel d'une science émergente, l'écologie. Sous la pression élitiste du moment, le recrutement des jeunes chercheurs les plus brillants s'est effectué majoritairement, pendant plus de deux décennies, dans le domaine de la biologie moléculaire. Le déficit en cadres compétents dans les autres domaines rend difficile de renverser la tendance. Nous payons actuellement ces erreurs stratégiques qui obèrent l'exploitation des progrès foudroyants de la biologie moléculaire elle-même, en particulier de la génomique.

On assiste maintenant aux prémices d'une prise de pouvoir par de nouvelles élites. Certains chercheurs privilégient d'une manière exclusive les approches structurales au niveau moléculaire, supposant implicitement que les propriétés fonctionnelles peuvent être aisément déduites de la structure. D'autres espèrent que la caractérisation systématique de l'ensemble des gènes impliqués dans l'expression d'un processus biologique – souvent plusieurs centaines – permettra d'en élucider le mécanisme. Plutôt que d'opposer ces différentes démarches, il me paraît indispensable de tendre vers un développement harmonieux des divers domaines de la biologie, sans qu'aucun niveau d'intégration depuis le moléculaire jusqu'à l'écosystème soit négligé. Il faut limiter l'impact désastreux des luttes de pouvoir entre des disciplines ou des approches pourtant complémentaires.

On peut illustrer le conservatisme des élites et leur résistance à l'innovation à travers la politique éditoriale poursuivie par les grands journaux scientifiques internationaux. J'ai souvent observé qu'un projet d'article, qu'il s'agisse de ma propre production scientifique ou de celle des chercheurs de mon laboratoire, était aisément accepté s'il s'agissait d'un travail sérieux mais dans la norme. Il n'en va pas de même pour les travaux qui dérangent tant soit peu les concepts dominants en vigueur. Le plus souvent, le comportement des référés ne reflète pas une quelconque malhonnêteté intellectuelle mais plutôt la difficulté que nous rencontrons tous à accepter un concept nouveau. Les convictions que j'affiche ici ne me mettent en aucun cas à l'abri de ce genre d'erreur. D'une manière volontairement provocatrice, on pourrait définir une découverte par le fait qu'elle doit être rejetée par un évaluateur consciencieux.

Toute tentative d'amélioration des méthodes

d'évaluation doit d'abord tenir compte de la spécificité de chaque discipline. Ainsi, les mathématiciens semblent capables de s'appuyer sur des critères objectifs pour dégager des jugements consensuels. Ils sont en mesure de distinguer d'une manière précoce un jeune mathématicien brillant ou génial. Il se révèle plus difficile d'évaluer chercheurs et programmes à l'autre extrémité de la classification d'Auguste Comte, tout particulièrement dans le cas de la biologie et des sciences humaines. Il s'agit de domaines où la connaissance est éclatée en une multitude de disciplines et de sous-disciplines entre lesquelles la communication est difficile. Ces sciences sont organisées, aux niveaux national et international, en de nombreuses chapelles qui s'ignorent et parfois se combattent, avec les conséquences que l'on peut imaginer quant à l'impartialité de l'évaluation. De plus, les chercheurs de ces disciplines atteignent généralement leur maturité plus tardivement que dans les sciences mathématiques. Il est ainsi difficile dans ces domaines de recherche d'opérer un choix motivé entre un jeune chercheur brillant qui à terme se révélera superficiel et un chercheur profondément original, souvent moins doué pour la communication et dont les qualités ne se révéleront que dans la durée.

La forme la plus nocive d'évaluation de la recherche fondamentale est l'évaluation quantitative, dont la popularité récente tient au fait qu'elle peut facilement être informatisée et qu'elle s'appuie sur des critères prétendument objectifs. Le premier niveau de l'évaluation quantitative repose sur le décompte du nombre de publications. Dans une version améliorée, ce décompte est pondéré par le nombre d'auteurs puis, dans une version plus sophistiquée encore, intègre le « facteur d'impact » qui classe les journaux en fonction de leur notoriété. La forme plus raffinée de cet exercice est le *Citation index*, base de données informatisées qui comptabilise le nombre de citations d'un auteur dans l'ensemble des journaux à comité de lecture. De telles méthodes sont le plus sûr moyen de renforcer les effets de mode et de décourager l'innovation et la prise de risque. Il est en effet préférable de travailler dans un domaine où une large population de chercheurs est susceptible d'être concernée par vos résultats. Sur un ton plus humoristique, je recommanderai la publication d'erreurs scientifiques comme méthode efficace pour augmenter votre taux de citation. En effet, dans un environnement de plus en plus compétitif, beaucoup de collègues sont plus disposés à citer vos erreurs qu'à reconnaître vos contributions. L'évaluation quantitative défavorise une politique de créneaux qui consiste à choisir des champs de recherche hors des sentiers battus. Il s'établit de plus, entre les laboratoires les plus puissants au niveau international, une politique de citations réciproques, particulièrement efficace pour conforter le score au *Citation index*. Cette politique fige les orientations scientifiques des chercheurs en raison des longs délais nécessaires pour acquérir une crédibilité dans un nouveau domaine. On peut objecter que l'évaluation quantitative est d'autant plus fiable qu'elle remonte dans le passé. Il se produit au cours du temps un processus de décantation qui met plus clairement en valeur les contributions majeures d'un chercheur. Cette méthode peut être efficace s'il s'agit de distribuer des médailles récompensant une œuvre scientifique passée. Elle n'apporte que peu d'informations pour évaluer les capacités actuelles du chercheur concerné.

Une politique d'évaluation quantitative encourage également des pratiques condamnables de signature des articles. Paradoxalement, ces dérives touchent également les chercheurs aux deux extrémités de la hiérarchie. Compte tenu des difficultés que rencontrent les jeunes chercheurs à s'intégrer dans les organismes de recherche ou les universités, beaucoup de laboratoires choisissent de les faire signer comme premier auteur de nombreux articles afin d'améliorer leur score quantitatif. Dans les faits, leur contribution réelle se limite tout naturellement à un ou deux articles. La compétition avec des jeunes chercheurs issus de laboratoires moins puissants ou n'appliquant pas cette politique est alors totalement faussée. À l'autre extrémité de la pyramide, l'évaluation quantitative renforce la tendance des directeurs à signer indistinctement toutes les publications de leur laboratoire. Ils peuvent démontrer que le renforcement de leur crédibilité, lié à la multitude de publications dont ils font état, rejaillit sur l'ensemble du laboratoire qui est souvent jugé sur la notoriété internationale de son directeur.

L'évaluation quantitative n'est significative que dans les cas extrêmes d'une production scientifique qui s'écarte très largement de la moyenne. Dans ce cas, point n'est besoin d'une analyse informatique sophistiquée pour détecter un chercheur dont la production scientifique est insuffisante. De même, une production scientifique excessive devrait être jugée avec la même sévérité. En ce qui me concerne, je suis incapable d'apporter une contribution significative à plus de quelques articles par an. Même en accordant aux chercheurs les plus prolifiques des capacités intellectuelles hors du commun, une production scientifique se traduisant par la publication de plusieurs dizaines d'articles par an me laisse sceptique quant à la valeur de la contribution réelle des chercheurs concernés.

On observe actuellement que de nombreuses structures de recherche mettent en place des dispositifs d'évaluation quantitative de la recherche et des chercheurs. À terme, cette politique peut conduire à déposséder les scientifiques de leur fonction d'évaluation au profit d'administrateurs scientifiquement incompétents, qui justifieront l'arbitraire de leurs décisions par la consultation de bases de données informatisées.

De même que la recherche finalisée ou appliquée peut être programmée sans trop de dommages, elle devrait se prêter plus facilement à une évaluation objective dans la mesure où elle s'appuie sur des concepts déjà établis et reconnus. Ces programmes, dont la finalité est de répondre aux besoins exprimés par la société, poussent de nombreux chercheurs à adopter des comportements que les instances d'évaluation sont impuissantes à maîtriser. Certains chercheurs dissimulent leurs préoccupations de recherche fondamentale derrière des propositions d'applications prématurées. D'autres, encore moins scrupuleux, n'hésitent pas à proposer des projets qu'ils savent irréalistes mais dont la seule qualité est d'être en parfaite adéquation avec ces programmes. Afin de répondre à cette dernière critique, la majorité des programmes de recherche appliquée soutenue par les instances nationales ou européennes doit faire l'objet d'une collaboration avec une industrie, censée se porter garante du réalisme et de la faisabilité du projet. Je suis étonné de la naïveté dont font preuve les bailleurs de fonds quant aux garanties qu'apporte cette collaboration avec l'industrie. Dans la mesure où un financement public peut être obtenu, les industriels se montrent peu exigeants sur la faisabilité du projet. Les entreprises françaises sont en effet friandes d'un support financier apporté par l'État, mais peu disposées à prendre les risques financiers qui témoigneraient d'une manière concrète de leur engagement réel. Cette critique s'applique particulièrement aux programmes subventionnés par la Communauté européenne qui représentent une part toujours croissante du financement de la recherche. De plus, les méthodes d'évaluation mises en œuvre suscitent de nombreuses interrogations. Ainsi, la plupart des candidats postulant à un soutien financier de la communauté ont maintenant recours à des officines privées, souvent payées sur des fonds publics, qui se chargent de la présentation et de la rédaction des projets scientifiques. En faisant appel à ces méthodes de marketing, on ne peut que favoriser l'émergence de projets inconsistants ou même malhonnêtes sur le plan scientifique mais séduisants sur le plan de la présentation. Comment ne pas s'inquiéter de l'apparition d'un monde scientifique où la forme prendra progressivement le pas sur le fond ? Il serait plus raisonnable de réserver une part limitée du financement européen à la recherche fondamentale et d'évaluer les programmes de recherche appliquée avec plus de rigueur. Un suivi permanent de l'évolution des recherches permettrait de détecter rapidement les vendeurs de vent qui pullulent autour de ces programmes grassement financés.

L'amélioration de méthodes d'évaluation de la recherche fondamentale ou de la recherche appliquée reste donc un des enjeux majeurs de toutes les structures de recherche. Personne, à ma connaissance, n'est en mesure d'élaborer des solutions miracles dans ce domaine. En ce qui concerne l'évaluation individuelle des chercheurs, demander à chacun de préciser sa contribution personnelle pour chaque publication importante permettrait d'éliminer en partie les signatures de complaisance. Il n'est pas acceptable, par exemple, que des publications soient signées pour de simples raisons d'autorité ou de mise à disposition de moyens.

En ce qui concerne l'attribution de contrats, il me semble préférable de substituer, chaque fois que cela est possible, une évaluation *a posteriori* à une évaluation *a priori*. L'évaluation d'une demande de financement par contrat d'un projet de recherche, telle qu'elle est pratiquée actuellement, porte essentiellement sur l'analyse du projet. J'ai consacré beaucoup de temps à élaborer des programmes de recherche dont j'étais le mieux placé pour mesurer leur caractère aléatoire. Je suis certain en revanche que personne n'a jamais examiné avec sérieux et esprit critique le contenu des rapports que j'ai produits à la fin de la période de financement. L'ordre de priorité devrait être inversé. L'attribution d'un contrat devrait être essentiellement fondée sur une analyse critique des résultats obtenus dans les années précédant la demande. En cas d'évaluation positive, il est raisonnable d'attribuer au chercheur ou à l'équipe l'équivalent d'un chèque en blanc, en lui laissant pour deux ou trois ans un large degré de liberté dans la conduite de ses recherches. On fait alors confiance au chercheur pour cette période mais il sait que, *in fine*, les résultats obtenus feront l'objet d'une évaluation rigoureuse dont le contenu sera rendu public. Cette méthode ne sera pas exempt d'erreur mais elle me paraît moins aléatoire qu'une évaluation fondée sur un programme dont personne, même son auteur, n'est en mesure d'estimer la probabilité de succès. Un tel pari sur l'avenir permettra plus facilement aux chercheurs concernés de laisser libre cours à leur imagination créatrice et d'opérer les recentrages thématiques éventuellement imposés par la réalité expérimentale. Il semble que les chercheurs soviétiques aient élaboré des stratégies efficaces pour échapper aux contraintes d'une bureaucratie toute-puissante. Placés dans un environnement moins compétitif, ils choisissaient souvent de retarder la publication de leurs résultats. Il leur était alors possible de proposer des programmes de recherche dont le succès était assuré puisqu'ils étaient déjà réalisés. Chacun d'entre nous est conduit à recourir, tout au moins en partie, à de tels artifices qui permettent aux décideurs de satisfaire leur appétit de programmation. Il faut évidemment veiller à ce qu'une évaluation *a posteriori* ne défavorise pas les jeunes équipes. C'est là que l'expert doit être capable de parier sur l'avenir. Il peut cependant s'appuyer sur le travail de thèse ou celui réalisé lors de stages postdoctoraux pour évaluer les potentialités du chercheur ou de l'équipe.

Tout chercheur en situation de pouvoir devrait faire preuve d'humilité face à cet exercice difficile entre tous que représente l'évaluation. Je suis étonné des certitudes qu'affichent certains de mes collègues quant à leur aptitude à évaluer l'originalité d'un chercheur ou d'un programme. Lorsqu'une découverte vient bouleverser tant soit peu notre domaine, chacun d'entre nous devrait se poser la question : « Aurais-je été capable d'évaluer favorablement cette découverte ? » Une réponse honnête à cette question sera souvent négative. La seule parade envisageable est d'accepter de prendre des risques, au même titre que les chercheurs concernés. Il me paraît en effet plus grave de censurer une idée nouvelle et porteuse que de laisser passer une erreur. Nous devons cependant nous imposer des limites au-delà desquelles le soutien à des idées originales ou révolutionnaires peut devenir une forme de laxisme et de démagogie qui, à terme, participe à la perte de crédibilité de notre communauté. Cette forme de démagogie est parfaitement illustrée par la saga de la mémoire de l'eau, suivie de près par l'épisode du chant des molécules, concept pour le moins surprenant qui devait permettre l'administration de médicaments par téléphone. En l'absence de bases expérimentales et théoriques sérieuses, ces pseudo-découvertes révolutionnaires ont été rapidement rejetées par la communauté scientifique. Cette controverse a alors été reprise à leur compte par les médias. Sous le prétexte de défendre le droit à la découverte contre le dogmatisme de la communauté scientifique, le journal *Le Monde*, pourtant réputé pour son sérieux, s'est retrouvé en pointe dans cette campagne de désinformation. À la suite d'une phrase dans laquelle j'exprimais publiquement mon scepticisme sur la validité et la vraisemblance des interprétations proposées, je suis apparu comme le porte-parole d'une communauté scientifique réactionnaire, « académique », qui tentait d'étouffer dans l'œuf une découverte de génie. J'ai partagé avec beaucoup de scientifiques cette réputation peu enviable.

De toutes les fonctions d'évaluation que j'ai eue à remplir dans ma vie scientifique, celle de membre de comités d'experts chargés de choisir parmi les candidats aux concours de recrutement des grands organismes ou des universités reste la plus difficile à assumer. Beaucoup d'entre nous ressentent un sentiment d'impuissance et de désarroi face à l'incapacité de choisir, sur des critères objectifs, les rares élus qui pourront poursuivre une carrière de chercheur au milieu d'une masse de candidatures de très bon niveau. Contrairement à l'évaluation des programmes ou des promotions de chercheurs, les erreurs commises lors de ces concours sont le plus souvent sans appel et peuvent sonner le glas de carrières scientifiques prometteuses. Bien que la généralisation des stages post-doctoraux avant recrutement doive permettre de mieux évaluer les capacités des candidats, il reste cependant difficile de distinguer les mérites du candidat de ceux du laboratoire d'accueil.

Face aux critères quantitatifs qui doivent obligatoirement être pris en compte lors des concours de recrutement, une appréciation plus qualitative et plus intuitive des candidats peut être acquise lors d'entretiens avec les experts du comité. Il s'agit là d'une charge très lourde mais justifiée par l'importance des enjeux. Encore faut-il veiller, lors de ces entretiens, à ne pas se laisser emporter par le brillant d'une présentation et à privilégier l'originalité du candidat par rapport à ses aptitudes aux relations publiques.

Quelles que soient les méthodes mises en œuvre, personne n'est à l'abri d'une erreur d'évaluation, qu'il en soit l'auteur ou la victime. Tout dispositif d'évaluation doit laisser une place, même limitée, au hasard. Il faut laisser une chance à des esprits hors du commun de passer à travers les mailles du filet que représente nécessairement une évaluation trop rigoureuse. Nous devons à tout moment avoir conscience que l'évaluation est l'un des actes de notre vie scientifique qui engage le plus notre responsabilité et qui implique à la fois compétence, courage et honnêteté.

IV

INFORMATION

Tout le monde l'affirme, le XXIe siècle sera le siècle de l'information et de la communication. S'appuyant sur les progrès foudroyants de l'informatique, un avenir radieux nous est promis. Tous les citoyens du monde pourront communiquer et s'exprimer librement. Les barrières géographiques et nationales seront alors abolies, créant ainsi un immense marché commun dans lequel les biens culturels circuleront aussi aisément que les biens de consommation. Face à cette vision idéalisée, on peut cependant s'interroger sur les conséquences possibles de cette explosion des moyens de communication. Elle peut représenter un formidable outil d'homogénéisation au service d'une idéologie dominante. De plus, l'augmentation permanente de la quantité d'informations disponibles s'effectue le plus souvent aux dépens de la qualité de cette même information. Elle ne s'accompagne pas, loin s'en faut, d'une amélioration de la communication entre les hommes, lorsque ce terme est pris dans son sens le plus élevé. On observe, de plus, que le temps excessif consacré à la communication détourne les individus d'autres activités plus gratifiantes. Peut-être assistons-nous à l'invasion de la planète par une nouvelle drogue, dont nous ne mesurons pas encore toutes les conséquences. En poursuivant cette métaphore médicale, on pourrait considérer que l'activité dérisoire des concepteurs de virus informatiques ou des « hackers », véritables drogués de l'informatique, représente paradoxalement les prémices d'une réaction salutaire de la société qui sécréterait ainsi quelques anticorps susceptibles d'enrayer l'expansion de cette maladie des temps modernes. D'une manière plus sérieuse, il est certain que tous les progrès technologiques, tels que l'ont été dans le domaine de la communication les inventions successives de l'imprimerie, de la radio et de la télévision, sont porteurs d'applications potentiellement positives ou néfastes. Il est de la responsabilité de tous de veiller à ce que ces nouveaux moyens de diffusion de l'information se traduisent par un enrichissement, et non un appauvrissement, du patrimoine culturel mondial.

Le réseau de communication informatique, le « net », qui transcende les frontières, est né, en partie, dans le monde universitaire, et c'est dans cet environnement particulier que l'on peut en mesurer le mieux les impacts positifs et négatifs. Il faut tout d'abord constater que, face à la croissance explosive des techniques de communication de l'information, les capacités de notre cerveau d'acquérir, de stocker, d'assimiler et d'émettre de l'information sont restées inchangées. Nous devons alors nous interroger sur les risques que représente une inadéquation croissante entre certaines techniques toujours plus performantes et l'homme, dont les caractéristiques biologiques restent stables. C'est l'un des fondements de la société de consommation que de produire de plus en plus d'objets de haute technologie dont les performances ne sont plus en rapport avec les capacités physiques des utilisateurs ou avec celles autorisées par la loi. On pourrait citer l'exemple des chaînes haute-fidélité dont les performances, bien au-delà de nos capacités auditives, ne peuvent être appréciées à leur juste valeur que par des instruments de physique sophistiqués, ou celui des voitures pouvant atteindre 250 km/heure et destinées à rouler sur des autoroutes limitées à 130 km/heure.

Pour apprécier l'impact du développement des outils de communication sur le monde scientifique, encore faut-il définir les informations que véhiculent ces nouveaux outils. Je distinguerai tout d'abord l'information brute, vide de contenu conceptuel, et qui peut s'exprimer, par exemple, sous forme de données numériques. En biologie, on peut citer les bases de données contenant la structure primaire, c'est-à-dire les séquences de bases ou d'acides aminés des innombrables gènes ou protéines déjà caractérisés. Ces informations, trop nombreuses pour être exploitées directement, sont mises à la disposition des chercheurs sous une forme élaborée. Il est ainsi possible par exemple de comparer d'une manière quantitative une séquence nouvellement obtenue avec toutes les séquences déjà connues et présentes dans les bases de données. Un autre exemple concerne la biologie structurale dont l'objectif est la caractérisation des structures tridimensionnelles des macromolécules biologiques, principalement les protéines et les acides nucléiques. Ces structures, déterminées grâce à un arsenal de méthodes de plus en plus performantes, sont stockées sous la forme de milliers de données numériques. Des programmes informatiques sophistiqués, accessibles sur un simple ordinateur personnel, permettent de traduire ces données numériques par une image tridimensionnelle de la molécule, qu'il est alors possible d'observer sous tous les angles et dont on peut mettre en valeur certains éléments particuliers. Dans ces deux exemples, l'apparition de nouvelles méthodes de communication et de traitement de l'information représente sans conteste un progrès essentiel. Des exemples comparables existent dans toutes les disciplines scientifiques. L'association de techniques de communication et de traitement d'information de plus en plus puissantes met à la disposition des chercheurs sous une forme accessible des masses de données inintelligibles. Sous cette forme, elles peuvent alors nourrir une réflexion conceptuelle et créative.

L'évaluation de l'impact de la communication se présente sous un aspect très différent lorsque l'information prétend véhiculer un contenu conceptuel. Il faut tout d'abord souligner que les chercheurs n'ont pas attendu l'arrivée des réseaux de communication pour être submergés par un flot de publications dépassant leurs capacités d'assimilation. En se limitant aux articles publiés dans les journaux scientifiques, il est depuis longtemps impossible d'assimiler toute l'information disponible dans son propre domaine de recherche. La croissance presque exponentielle du nombre de chercheurs pendant les premières dizaines d'années qui ont suivi la Seconde Guerre mondiale a été tout naturellement accompagnée d'une augmentation équivalente du nombre de publications. La mise à la disposition d'une masse supplémentaire d'informations de fiabilité souvent médiocre ne fait donc qu'aggraver cette situation. J'ajouterai que la possibilité qui nous est offerte de suivre, au jour le jour, tous les faits nouveaux apparaissant dans notre propre domaine de recherche est un facteur inhibant la créativité. Lorsqu'un jeune chercheur aborde un nouveau domaine de recherche, il lui est généralement recommandé d'acquérir, sur la base d'une bibliographie extensive, le maximum d'informations disponibles. C'est le plus sûr moyen de lui encombrer l'esprit de tous les dogmes et idées préconçues et de lui interdire d'aborder ce domaine sous un angle nouveau. Jean Perrin, prix Nobel de physique en 1926, qui aimait les déclarations provocatrices, avait coutume de dire que la bibliographie se fait après et non avant d'aborder un sujet de recherche. Sans vouloir pousser trop loin ce paradoxe, une approche créative suppose une alternance de périodes d'isolement, nécessaires pour élaborer une vision originale d'un problème, et de périodes de communication intense où l'on confronte ses idées avec le monde extérieur. Le progrès naît de la diversité des cultures et de l'affirmation des personnalités, et certainement pas d'une pensée unique véhiculée, et en quelque sorte imposée en temps réel, par les réseaux de communication. En choisissant une image empruntée à la physique, un flux de communication permanent risque de créer l'équivalent d'un équilibre thermodynamique entre les chercheurs concernés, alors que la création, comme la vie, est par définition un processus hors équilibre qui nécessite un certain degré de confinement.

J'illustrerai ce propos par l'expérience que j'ai vécue en tant que jeune chercheur. Lorsque j'ai abordé mon sujet de thèse – l'étude des réactions photosynthétiques d'émission d'oxygène –, notre laboratoire était relativement isolé de la communauté internationale travaillant dans ce domaine. Mon patron, René Wurmser, avait choisi de laisser aux jeunes chercheurs de son laboratoire une liberté d'initiative complète, en ne leur imposant pas le poids de sa forte personnalité. Cette liberté totale, associée à une bonne dose d'ignorance, m'a permis tout naturellement d'aborder mon sujet de recherche par des approches originales. Après ma thèse, mon activité de recherche a été interrompue par un service militaire de plus de deux ans. À mon retour, j'ai constaté que mon travail, bien que totalement ignoré, avait gardé son actualité. J'ai eu alors la très grande chance qu'un chercheur faisant autorité dans ce domaine, Bessel Kok, s'y soit intéressé. Bessel Kok, chercheur américain d'origine hollandaise, était une personnalité exceptionnelle toujours à l'affût d'idées hors des sentiers battus. Grâce à lui, j'ai été invité aux États-Unis où j'ai alors vécu une période de communication intense, période certainement la plus gratifiante de ma vie scientifique. J'ai pu à la fois faire connaître mon travail et prendre la mesure des recherches pour-suivies par mes collègues. De retour dans mon labo-ratoire, je me suis alors aperçu qu'il m'était devenu beaucoup plus difficile de faire preuve d'originalité dans la conduite de mes recherches. Ma production scientifique s'inscrivait plus naturellement dans la norme, car je partageais avec mes collègues et concurrents un fonds commun de connaissances, mais aussi de dogmes et de préjugés. Si je fais un bilan de ma production sur plus de quarante années, je constate que les périodes les plus produc-tives de ma vie scientifique ont suivi les réorienta-tions thématiques que je me suis imposées. Aborder un nouveau sujet de recherche permet de s'évader de ce carcan que représente sa propre compétence et de reconstituer pour un temps un capital d'igno-rance et de naïveté indispensable à toute activité créatrice.

Je regrette de ne pas avoir pu offrir aux jeunes chercheurs qui m'ont été confiés la même liberté et le même droit à prendre des risques dont j'ai profité sous la direction de René Wurmser. Face à un environnement beaucoup plus concurrentiel, un jeune chercheur doit nécessairement accumuler un maximum de publications qui conditionnent son avenir scientifique. J'ai déjà insisté sur le fait que les possibilités de recrutement à un emploi de chercheur, dans un organisme public ou privé, reposent essentiellement sur une évaluation prenant en compte le nombre de publications. Les directeurs de thèse sont alors conduits à choisir des sujets de recherche dont le succès est pratiquement assuré. Ils encadrent d'une manière rigoureuse le travail de leurs étudiants afin de leur éviter toute perte de temps. Une telle politique, efficace sur le plan de la compétition, interdit aux jeunes chercheurs d'exprimer librement leurs aptitudes créatives.

Si, dans notre propre domaine de recherche, il faut savoir nous isoler, tout au moins transitoirement, du flux d'informations qui risque d'inhiber nos capacités d'initiative, l'acquisition de connaissances dans des domaines plus éloignés de notre champ d'activité est, en revanche, susceptible de dynamiser et de renouveler notre activité de recherche. Entre les nombreuses tâches administratives ou organisationnelles qui nous submergent et le désir légitime de poursuivre une activité de recherche expérimentale, nous ne consacrons plus assez de temps à nous cultiver en dehors du champ étroit de nos recherches. Participer à des tâches d'enseignement oblige à cet effort indispensable. Depuis une vingtaine d'années, je suis confronté dans mes fonctions de professeur au Collège de France à la difficulté toujours renouvelée d'un processus d'apprentissage. Il est de tradition dans cet établissement de présenter un cours très spécialisé qui, chaque année, doit porter sur un nouveau sujet. Si le faible nombre d'heures de cours qui nous est imposé fait sourire beaucoup de nos collègues de l'enseignement supérieur ou de l'enseignement secondaire, il n'en reste pas moins que cette obligation de renouvellement thématique représente une charge très lourde. Pendant les premières années de notre enseignement, nous pouvons exploiter un patrimoine de connaissances déjà acquises. Ce capital initial épuisé, nous sommes conduits à choisir des sujets de cours dans des domaines de plus en plus éloignés de notre propre champ de recherche. Il faut alors non seulement pénétrer dans un environnement conceptuel qui nous est étranger mais, surtout, tenter d'apporter une vision personnelle et originale d'un domaine de recherche nouveau pour nous. Là encore, les moyens modernes de communication ne sont que d'un bien faible secours. La lecture de quelques articles fondateurs se révèle plus efficace que la consultation de la masse d'informations techniquement accessibles. Accéder aux aspects conceptuels d'un nouveau domaine de recherche suppose un lent processus de maturation qui implique une démarche tortueuse, comportant de nombreux allers-retours. On peut m'objecter qu'une telle démarche traduit simplement une certaine lenteur d'esprit qui m'est personnelle. Il est certain que des individus brillants ont pu développer une capacité d'apprentissage plus rapide, aptitude sélectionnée d'une manière efficace par les classes préparatoires et les concours des grandes écoles. Il me semble pourtant que, mis à part quelques rares génies, la faculté d'assimiler rapidement des faits et des concepts nouveaux peut représenter une véritable infirmité. Une telle efficacité n'est obtenue qu'au prix d'un mode d'apprentissage linéaire qui rend difficile la détection des failles et des limites d'un concept ou d'un raisonnement. Chez les victimes de ce mode d'enseignement, l'aptitude exceptionnelle à assimiler des connaissances nouvelles est souvent associée à un manque d'esprit critique. Les formes modernes d'enseignement par ordinateurs dits « interactifs » me paraissent encore plus dangereuses. Je crains qu'il ne s'agisse là que d'une forme évoluée de jeux vidéo qui privilégieront chez l'élève une rapidité de réaction s'exprimant par des réponses stéréotypées aux dépens d'une réflexion et d'une compréhension en profondeur.

Les dérives causées par une circulation excessive de l'information liée à la puissance des moyens informatiques modernes se retrouvent lorsque l'ordinateur est utilisé dans sa fonction première, c'est-à-dire comme outil de calcul. L'un des bouleversements majeurs qui marquent la pratique de la recherche dans les trente dernières années est sans conteste la progression de la puissance des moyens de calcul associée à une diminution du coût des ordinateurs. Tout chercheur a maintenant sur son bureau des puissances de calcul qui n'étaient disponibles il y a quelques années qu'au niveau d'une large communauté. Il est difficile pour le jeune chercheur d'aujourd'hui d'imaginer que la règle à calculer représentait jusqu'au début des années 1960 l'outil de calcul le plus couramment utilisé par les chercheurs et les ingénieurs de ma génération. La révolution informatique a ainsi touché l'ensemble des disciplines scientifiques, des mathématiques aux sciences humaines, et une recherche moderne ne peut se concevoir sans l'appui des ordinateurs et des programmes de plus en plus sophistiqués qui leur sont associés. Cependant, la véritable fascination qu'exercent sur la nouvelle génération de chercheurs les techniques informatiques, utilisées comme moyen de communication ou comme moyen de calcul, peut les éloigner de leur fonction d'expérimentateur et de créateur. Un premier danger est lié aux progrès constants des outils informatiques, qu'il s'agisse du matériel ou du logiciel. Les chercheurs et les ingénieurs sont ainsi conduits à courir en permanence derrière une technologie en constante évolution. La loi du marché aggrave encore cette situation, le but de toute entreprise informatique étant de démoder le plus rapidement possible ses produits, ordinateurs ou logiciels, afin de doper les ventes d'un secteur en pleine expansion. La nécessité pour tous de s'adapter en permanence à cette évolution galopante, justifiée ou non par une amélioration du service rendu, est grande consommatrice de temps et détourne les chercheurs d'activités plus productives.

Sur le plan intellectuel, le danger devient plus grave encore lorsque l'ordinateur n'est plus considéré comme un simple outil mais comme une entité dotée d'une certaine autonomie et, dans le pire des cas, d'une véritable « intelligence ». La forme la plus puérile de ce type de comportement consiste à tenter de déléguer à l'ordinateur une part d'activité créatrice. L'ordinateur ne peut en effet que restituer, sous une forme plus ou moins élaborée, les concepts que le chercheur y a introduits. Il s'agit là encore d'une hypothèse favorable car la mécanique intellectuelle relativement simpliste de la programmation ne s'accorde pas facilement avec l'effort de conceptualisation. Toute démarche créative suppose un effort intellectuel soutenu dont on ne peut faire l'économie. La tentation est forte de faire preuve de paresse intellectuelle en imaginant qu'en entrant pêle-mêle un grand nombre de données numériques dans un ordinateur celui-ci va, en les associant, faire les découvertes à votre place. Pourtant, l'ordinateur est incapable de faire preuve d'intuition, démarche subtile encore mal comprise qui seule peut conduire à la découverte. On pourrait multiplier les exemples montrant les dérives néfastes auxquelles conduit une utilisation mal maîtrisée de l'outil informatique dans l'ensemble des secteurs de la recherche, de l'instrumentation à la théorie. J'insisterai plus particulièrement sur les

espoirs parfois chimériques que beaucoup de chercheurs placent dans le développement de techniques de simulation censées prédire le
comportement de systèmes complexes relevant de la
physique, de la biologie ou des sciences humaines.
Dans le pire des cas, le chercheur se contentera de
la simulation, considérant qu'elle peut se substituer à l'expérience. Dans le meilleur des cas, le chercheur, après avoir soigneusement accumulé toutes
les informations disponibles, se fondera sur le
résultat de la simulation pour décider si l'expérience vaut la peine d'être tentée. Il est alors nécessaire de rappeler une fois encore que le chercheur ne
peut introduire dans l'ordinateur que les connaissances et les concepts et faits expérimentaux qu'il
connaît déjà. Il sera donc incapable d'intégrer dans
le programme de simulation qu'il a péniblement
construit le fait inattendu, que seule une expérience bien conduite mettrait au jour. Il s'interdit *a
priori* toute incursion dans l'inconnu, élément non
programmable par excellence.

L'attitude du chercheur face à la simulation

prédictive doit dépendre des possibilités qui s'offrent à lui de perturber volontairement le système qu'il étudie. Cette démarche se justifie lorsqu'une approche expérimentale est techniquement impossible ou que le coût, voire la durée de l'expérience interdisent de prendre des risques exagérés. On peut citer comme exemples la climatologie, la météorologie, l'astrophysique, la physique des particules ou de nombreuses disciplines des sciences humaines telles que l'économie ou la sociologie. Un autre exemple en est donné par la modélisation de la structure des macromolécules quand on s'intéresse à la déformation ou à la dynamique de ces ensembles complexes. La multiplicité des structures à prendre en compte, qui peuvent comporter plusieurs milliers d'atomes, est hors d'atteinte d'une approche expérimentale. Citons également la théorie de l'évolution qui échappe totalement aux possibilités d'expérimentation directe. En conclure, comme Popper, que la théorie de l'évolution, dans la mesure où elle n'est pas « falsifiable », doit être rejetée dans le champ de la métaphysique me paraît un faux débat. Il est certain que l'accumulation d'observations et d'interprétations théoriques sur l'analyse du génome des êtres vivants permet d'affiner notre compréhension des mécanismes de l'évolution. Dans tous ces cas, l'élaboration de modèles prédictifs, confrontés à l'observation, reste l'une des seules démarches possibles. Le chercheur doit alors avoir conscience des limites qu'une telle démarche impose à sa créativité.

Les possibilités offertes par la simulation sur ordinateur ne doivent pas éloigner le chercheur d'une autre démarche qui consiste à réaliser des modèles au sens physique du terme pour reproduire, à une autre échelle, le système étudié. De tels modèles, bien qu'imparfaits, ont cependant plus de chances de déboucher sur un fait inattendu. Je reste convaincu que, chaque fois que la démarche expérimentale « active » est techniquement possible, elle doit précéder une démarche prédictive. En revanche, lorsqu'il s'agit de vérifier la validité d'un modèle théorique fondé sur des données expérimentales solides, la simulation ou la modélisation représente un outil nécessaire, voire indispensable. Là encore il faut veiller à ne pas se laisser emporter par la puissance des moyens de calcul qui conduit souvent les chercheurs férus d'informatique à établir des modèles théoriques trop complexes qui rendent impossible toute représentation intuitive. Un modèle simple, même approximatif, doit être privilégié par rapport au modèle complexe mettant en jeu un trop grand nombre de paramètres qui souvent éloignent de la réalité physique du phénomène étudié.

Un exemple concret des espoirs non fondés que peuvent susciter les progrès des techniques de simulation concerne l'expérimentation animale. Sous le prétexte d'épargner des souffrances inutiles aux animaux, certains groupes de pression proposent de substituer à l'expérimentation animale les méthodes de simulation numérique. De tels projets sont irréalistes et pourraient à long terme interdire tout progrès de la médecine. Pour répondre aux préoccupations des défenseurs des animaux, un arsenal législatif déjà très contraignant impose maintenant des règles strictes quant à la pratique de l'expérimentation animale. Il est par ailleurs possible de mener certains types d'investigations sur des lignées cellulaires en culture. L'expérimentation animale restera cependant toujours nécessaire tant sur le plan de la recherche fondamentale que pour valider en dernier ressort un progrès thérapeutique. Les tenants d'une recherche sur ordinateur ne mesurent pas les conséquences désastreuses pour la santé de campagnes démagogiques et irresponsables.

Si le recours à des moyens informatiques de plus en plus sophistiqués doit être reconnu comme une composante incontournable de tout travail de recherche, je reste convaincu que les chercheurs consacrent un temps excessif à acquérir, traiter et communiquer de l'information. Il suffit de visiter un laboratoire moderne pour constater que la probabilité de trouver un chercheur devant son ordinateur est devenue plus grande que celle de le trouver dans une pièce d'expériences. Face à cette évolution inquiétante, il est temps de rappeler que la vocation première d'un chercheur est de créer de l'information nouvelle et non pas de manipuler d'une manière de plus en plus élaborée l'information déjà disponible.

V

MOBILITÉ

Dans la panoplie des mesures proposées pour moderniser notre recherche figure en bonne place l'incitation à la mobilité, supposée insuffisante, des chercheurs français. Le terme « mobilité » recouvre deux définitions différentes, la mobilité thématique qui se traduit par une réorientation – majeure ou limitée – de l'activité scientifique, et la mobilité géographique traduisant un changement d'affectation du chercheur. Curieusement, c'est cette seconde définition qui est le plus souvent prise en compte lorsque l'on compare la recherche française à celle des autres pays industrialisés. Dans le contexte de la recherche internationale, la mobilité thématique représente incontestablement une prise de risque. C'est en revanche une occasion pour le chercheur concerné de retrouver une dynamique nouvelle, plus créatrice et moins conformiste. Il faut souligner que, contrairement aux idées reçues, les chercheurs des États-Unis font généralement preuve d'une faible mobilité thématique. Compte tenu du mode de subvention par contrats, les chercheurs américains hésitent en effet à proposer des programmes de recherche dans des domaines où ils n'ont pas acquis une notoriété suffisante. Il est regrettable de constater que les chercheurs français, qui profitent pour la plupart d'une garantie d'emploi et d'un financement en partie récurrent, ne fassent pas preuve d'une mobilité thématique supérieure. La viscosité qui caractérise la communauté scientifique internationale dans ce domaine n'encourage pas la mobilité thématique. Plusieurs années après une réorientation de mes thèmes de recherche, j'étais toujours invité dans les congrès internationaux consacrés à mon ancien domaine de recherche. Il a fallu, en revanche, plusieurs années pour que l'activité que je poursuivais dans un nouveau domaine soit reconnue. L'expérience prouve qu'il est beaucoup plus confortable pour un chercheur de rester à l'abri dans la niche écologique que constitue la petite communauté internationale qui a déjà reconnu ses mérites plutôt que de tenter de s'imposer dans un autre domaine où il sera ignoré ou même considéré comme un intrus. En dépit de ces obstacles, je reste convaincu que la mobilité thématique doit être fortement encouragée par les instances d'évaluation en acceptant les baisses transitoires de productivité scientifique inhérentes à toute réorientation.

La mobilité que tentent d'impulser les instances dirigeantes porte plutôt sur le changement d'affectation des chercheurs. La justification majeure avancée par les tenants d'une telle politique est de permettre à de jeunes chercheurs d'exprimer très tôt leur potentiel de créativité en créant autour d'eux une petite équipe indépendante, à l'abri de l'influence supposée castratrice de l'environnement dans lequel ils ont été formés. Personne ne peut nier que la vocation principale de toute structure de recherche est de favoriser l'émergence de nouveaux talents. La mobilité ne me semble cependant pas la seule méthode permettant à de jeunes chercheurs de profiter d'une indépendance intellectuelle. Je suis même convaincu qu'une application systématique et sans discernement d'une politique de mobilité peut être un facteur d'appauvrissement de notre patrimoine scientifique. On peut certes me soupçonner de plaider ma propre cause, car ma carrière représente l'exemple même de ce que tout responsable scientifique « moderniste » doit définitivement proscrire.

J'ai débuté ma vie scientifique en 1953, à vingt et un ans, dans le service du professeur René Wurmser à l'Institut de biologie physico-chimique de Paris. Dans ce même lieu, j'ai exercé successivement les fonctions de stagiaire non rémunéré, de chercheur au CNRS, de responsable d'une petite équipe scientifique, de directeur d'une unité

CNRS, puis de directeur de cet institut. Pendant un demi-siècle, ma mobilité s'est limitée à quelques déplacements d'une dizaine de mètres sur le même palier. Je ne représente pourtant pas un cas particulier, et de nombreux collègues ont suivi des parcours scientifiques comparables. Marianne Grunberg-Manago, brillante biochimiste et première femme présidente de l'Académie des sciences, est présente dans notre institut depuis 1942. Certains des chercheurs les plus prestigieux de l'Institut Pasteur ont effectué la totalité de leur carrière scientifique dans ce haut lieu de la recherche. Cette stabilité n'a pas empêché les trois prix Nobel, André Lwoff, Jacques Monod et François Jacob, de révolutionner leur domaine de recherche. Le terme « pastorien » a même été inventé pour qualifier le fort sentiment d'appartenance qu'éprouvent ces chercheurs à l'égard de cet institut de grande tradition. Je pourrais encore citer le cas de Claude Cohen-Tannoudji, récent prix Nobel de physique, qui a effectué toute sa carrière dans le laboratoire de physique de l'École normale de la rue d'Ulm. Il m'est souvent opposé qu'il s'agit là d'exceptions qui confirment la règle et que la science ne peut être organisée en s'inspirant de cas exceptionnels. Néanmoins, bien d'autres chercheurs ont su exprimer leur originalité tout en profitant de traditions qui se sont construites au fil du temps dans des laboratoires prestigieux.

Une politique de mobilité imposée de manière autoritaire participe à l'homogénéisation culturelle au même titre que la circulation excessive d'information. Elle favorise l'émergence d'un conformisme partagé par l'ensemble de la communauté scientifique internationale. Il me semble que la science a tout à gagner d'une politique qui permet la cohabitation d'une multitude de structures de recherche, grandes ou petites, transitoirement isolées les unes des autres, au sein desquelles peuvent se développer en parallèle des approches expérimentales et des outils conceptuels différents. Un minimum de confinement permet plus facilement à un groupe de chercheurs d'affirmer et de préserver son identité. Elles doivent être suffisamment pérennes pour que puisse se développer en leur sein un style de recherche original, qui en fera des exemples uniques et donc non interchangeables. En ce qui concerne les jeunes chercheurs, certains organismes imposent une condition de mobilité à toute promotion. De telles règles me paraissent particulièrement absurdes, elles tuent dans l'œuf toute velléité pour un groupe de chercheurs originaux d'affirmer sa propre identité. De la même manière, l'application par le CNRS de la « loi des douze ans », qui impose au bout de ce laps de temps un changement du directeur d'un laboratoire, accompagné si possible d'une réorientation des activités de recherche, peut avoir des conséquences néfastes. Les autorités compétentes, confrontées à des situations parfois absurdes, sont souvent conduites à ne pas appliquer les règles de mobilité qu'elles édictent. Il s'agit d'un exemple du jeu stérile dans lequel excelle notre pays qui tend à promulguer des lois que l'on s'efforce ensuite de contourner. Il me paraît plus raisonnable d'évaluer régulièrement et sans laxisme chaque unité de recherche, évaluation pouvant éventuellement conduire à la fermeture ou tout au moins à la réorganisation complète de l'équipe concernée. Une telle évaluation impose bien sûr que les équipes en place ne disposent pas d'un statut protégé et que, lors de leur demande de renouvellement, elles soient mises en compétition avec les nouvelles équipes dont de jeunes chercheurs demandent la création.

L'instauration d'une mobilité obligatoire pourrait marquer la fin des écoles de pensée qui ont, jusqu'ici, profondément marqué l'histoire de la science. La notion d'école, symbole de tradition et donc de stabilité, serait-elle devenue brusquement obsolète et ne représenterait-elle plus, dans le contexte actuel, qu'un facteur d'immobilisme ? Les chercheurs talentueux que j'ai cités ont en commun d'avoir su tirer parti d'un environnement imprégné d'une forte tradition tout en exprimant pleinement leur potentiel de créativité. Il ne s'agit d'ailleurs pas d'un fait nouveau. La plupart des grands créateurs ont su s'approprier l'expérience du passé et s'inscrire dans une tradition pour bâtir l'avenir. Il me paraît important de commenter autour de quelques cas particuliers le rôle moteur qu'ont joué dans un passé récent certaines grandes écoles de pensée. J'ai déjà cité l'œuvre marquante de William Henry Braag et de son fils William Lawrence Braag qui, en 1912, ont mis en évidence la diffraction des rayons X par les cristaux, découverte qui devait leur valoir un prix Nobel commun en 1915. Ils ont alors créé à Cambridge l'école de cristallographie anglaise, qui a marqué l'histoire de la biologie. William L. Braag, pressentant que cette découverte de physique fondamentale permettrait à terme de déterminer les structures des macromolécules biologiques, a créé, dans ce but, un laboratoire de biologie moléculaire. Le flambeau fut ensuite repris par J. D. Bernal. C'est en 1947, dans cet environnement privilégié, que la première structure tridimensionnelle d'une protéine, l'hémoglobine, a été obtenue par Perutz et Kendrew. C'est toujours dans ce même laboratoire que Watson et Crick ont mis en évidence la double hélice formée par deux brins d'acide désoxyribonucléique. Cette découverte devait révolutionner nos conceptions du mécanisme de l'hérédité. Plus récemment, John Walker, prix Nobel en 1997, et ses collaborateurs ont réussi à résoudre l'une des énigmes majeures de la biologie structurale : la structure de l'ATP synthase. Cet enzyme assure la synthèse de l'adénosine triphosphate ou ATP, vecteur universel de l'énergie chez tous les êtres vivants, et à ce titre joue un rôle central dans l'énergétique cellulaire. Ce catalyseur – formé par l'association de deux moteurs rotatifs couplés par une barre de liaison – représente l'une des inventions les plus extravagantes de la nature. Ce laboratoire reste donc, à l'aube du XXIᵉ siècle, l'un des centres mondiaux les plus dynamiques dans le domaine de la biologie structurale. J'ai souvent entendu mes collègues s'inquiéter du retard qu'avait pris la France dans ce domaine, mais je ne suis pas sûr que les organisateurs de la science aient su analyser et tirer les conséquences du succès et de l'avance pris par nos collègues anglais, succès qui repose sur une tradition poursuivie pendant près d'un siècle.

Mes parents commentaient avec lucidité les échecs et les succès qu'ils avaient rencontrés lors de leur vie scientifique, en soulignant le rôle qu'avaient joué les écoles dans les progrès décisifs de la physique nucléaire pendant les années 1930. Ainsi, ils n'ont pas su tirer les conséquences conceptuelles d'une expérience fondatrice qu'ils avaient réalisée en 1931 à l'Institut du radium. Il revint à Chadwick, qui travaillait dans le laboratoire de Rutherford à Londres, de poursuivre cette démarche expérimentale et d'en tirer les conséquences qui devaient le conduire à la découverte du neutron. Pour mon père, cette découverte, due à l'intuition géniale de Chadwick, s'inscrivait dans la tradition du laboratoire prestigieux créé en 1907 par Rutherford à Manchester. « Le concept de neutron rôdait depuis de nombreuses années dans le laboratoire de Rutherford », disait mon père. Peu de temps après cet échec, mes parents découvraient la radioactivité artificielle. Bien que cette découverte fût fondée sur une démarche expérimentale particulièrement novatrice, mes parents reconnaissaient qu'ils avaient largement profité de la tradition à la fois expérimentale et conceptuelle de l'école de radioactivité française créée à Paris par Marie Curie au début du siècle. En revenant à un exemple plus contemporain, les travaux de Claude Cohen-Tannoudji, chercheur profondément original, s'inscrivent dans la tradition d'une école de physique quantique illustrée quelques dizaines d'années auparavant par les travaux d'Alfred Kastler, également prix Nobel, qui devaient conduire à la réalisation des lasers. L'extraordinaire essor de la biologie moléculaire en France, qui a marqué les années d'après guerre, n'est pas fondé sur le néant, mais sur la longue tradition de l'Institut Pasteur dans le domaine de la microbiologie.

À un niveau plus modeste, j'ai été profondément marqué par l'environnement privilégié que j'ai trouvé dans l'Institut de biologie physico-chimique créé en 1930 par Jean Perrin. Mes travaux sur la photosynthèse s'inscrivent dans une longue tradition d'étude des processus photochimiques, initiée un demi-siècle auparavant par Victor Henri. En consultant les documents laissés dans son laboratoire par mon patron René Wurmser, j'ai pu mesurer à quel point certaines idées qui me paraissaient personnelles et originales m'avaient été communiquées, en quelque sorte par osmose, par ce chercheur qui avait été l'un des premiers en France à appliquer à l'étude du vivant les méthodes et les concepts de la physique. René Wurmser avait très vite compris que les approches physico-chimiques ne devaient pas se limiter à l'étude des propriétés de molécules, si complexes fussent-elles, mais également à celles d'ensembles supramoléculaires pouvant aller jusqu'au niveau cellulaire ou au niveau d'organes. Ces conceptions, révolutionnaires à l'époque, et qui se placent dans le cadre maintenant si prisé de l'interface entre physique et biologie, ne sont pas universellement acceptées dans une communauté qui privilégie encore de manière trop exclusive les approches réductionnistes. Elles continuent cependant à inspirer ma propre démarche et celle des chercheurs plus jeunes qui m'ont succédé.

À travers un certain nombre d'exemples concrets, j'ai voulu montrer que créativité et dynamisme ne sont pas nécessairement liés à la mobilité et que le maintien de traditions peut également être un facteur de progrès. Je revendique pour les chercheurs le droit de choisir leur avenir en fonction de leur environnement. Les seules contraintes à prendre en considération doivent procéder de l'évaluation de leur activité scientifique et non de règles administratives. Le degré de mobilité qui caractérise un laboratoire dépend en grande partie du profil psychologique de son responsable. Une forte personnalité, imposant d'une manière autoritaire ses choix scientifiques, ne peut, et ne désire généralement pas, maintenir autour d'elle un noyau permanent de chercheurs créatifs. De tels laboratoires sont souvent des lieux de formation efficaces pour les jeunes chercheurs dont le séjour dans de telles structures est transitoire. Au contraire, une structure de recherche relativement stable ne peut être envisagée que si les chercheurs confirmés qui la composent ont la liberté de définir leur propre ligne de recherche et de rassembler autour d'eux de petites équipes disposant d'une certaine autonomie. Ce sont alors des critères de complémentarité et de cohérence scientifique qui doivent décider du maintien ou du départ de l'une des composantes du laboratoire qui doit rester une structure évolutive. De telles associations de chercheurs me paraissent s'imposer dans le cas de laboratoires pratiquant des approches multidisciplinaires.

La multidisciplinarité, bien que devenue un concept à la mode, est rarement pratiquée dans la réalité. Elle peut être assurée à travers la collaboration entre divers laboratoires se consacrant à des domaines scientifiques différents. Une autre possibilité consiste à associer dans un même laboratoire plusieurs équipes dont les compétences sont à la fois différentes et complémentaires. Ces équipes doivent disposer d'une large autonomie et pourtant accepter de participer à un projet commun. De telles structures de recherche ne peuvent survivre que dans une relative stabilité. Pour pouvoir collaborer efficacement, les chercheurs constituant ces équipes doivent préserver une compétence pointue dans leur propre domaine tout en s'ouvrant à des disciplines différentes. L'acquisition d'une telle culture est un processus lent et difficile, et les chercheurs concernés ne sont pas interchangeables. Leur départ se traduit souvent pour le laboratoire par une perte de mémoire et de compétence difficilement réversible. Le laboratoire que j'ai dirigé pendant de nombreuses années donne l'exemple d'une structure de recherche organisée autour d'une approche multidisciplinaire. Lors de sa création, ce laboratoire se consacrait à l'étude du processus photosynthétique en ne mettant en œuvre que des approches de type biophysique. De jeunes chercheurs de talent, Pierre Bennoun, Francis-André Wollman, Bruce Diner ou Jean-Luc Popot, m'ont alors convaincu qu'il était nécessaire d'aborder l'étude de l'appareil photosynthétique par des approches de plus en plus diverses, associant à la biophysique la génétique, la biologie moléculaire et la biochimie. Je n'ai pu maintenir le cap de la multidisciplinarité que parce que ce groupe de chercheurs est resté relativement stable dans le temps. Certains, comme Bruce Diner ou Jean-Luc Popot, ont choisi de nous quitter pour créer leur propre unité de recherche, d'autres sont restés, tel Francis-André Wollman qui dirige maintenant le laboratoire dans lequel je travaille. Il poursuit cette expérience multidisciplinaire qui impose de laisser une grande liberté d'initiative aux chercheurs qui la constituent. La forte personnalité de mes collaborateurs et la diversité des compétences ainsi réunies m'auraient de toute façon interdit d'imposer des vues autoritaires.

Quelles que soient les réserves que m'inspirent les règles de changement d'affectation systématique du personnel de la recherche, il n'en reste pas moins qu'une certaine forme de mobilité est indispensable pour que les chercheurs s'ouvrent sur le monde extérieur. Les stages postdoctoraux ou, pour des chercheurs plus âgés, les séjours dans des laboratoires extérieurs représentent la forme la plus efficace de mobilité. En revanche, il n'est pas certain que la meilleure période pour de tels stages se situe nécessairement à la fin de la thèse. Cette règle tacite, imposée par la plupart des organismes de recherche et des universités, représente maintenant une condition préalable à tout recrutement. Une telle politique peut parfois se révéler nocive, tout particulièrement lorsque de jeunes chercheurs, encore loin d'avoir atteint un niveau de maturité scientifique, sont envoyés très tôt dans des laboratoires prestigieux. À leur retour en France, ils sont tentés de reproduire à l'identique ce qu'ils ont connu et appris pendant leur stage postdoctoral. Si l'occasion leur en est offerte, ils créent de petites équipes qui vont se placer dans le sillage du laboratoire étranger. Disposant généralement de moyens humains et matériels inférieurs à ceux dont dispose le laboratoire qui les a formés, il leur est alors difficile d'atteindre un niveau de compétitivité suffisant. Ces laboratoires, qui travaillent dans des domaines à la mode, peuvent publier sans difficulté dans les périodiques scientifiques à « fort indice d'impact » et satisfont donc aisément aux critères de l'évaluation quantitative. Ils ne représentent cependant pas dans le tissu scientifique français de réels noyaux d'innovation. Des stages postdoctoraux plus tardifs laissent le temps aux jeunes chercheurs les plus originaux de développer leur personnalité et, surtout, d'affirmer leur propre ligne de recherche. Ils sont alors en mesure, sans faire preuve de suivisme, de profiter pleinement des apports conceptuels et méthodologiques que leur procurent les contacts avec des laboratoires et des écoles de pensée différents.

Je voudrais néanmoins pondérer mon propos en soulignant que la défense d'un droit à la stabilité ne doit pas servir à justifier un immobilisme qui, à travers la pérennisation excessive des laboratoires, conduit immanquablement à la sclérose. La création dans de grands instituts de pépinières de jeunes équipes dont les contrats sont de durée limitée et qui sont destinées à irriguer ultérieurement le tissu scientifique me paraît une forme de mobilité particulièrement efficace. Elle concerne non pas un individu mais une équipe à laquelle on donne l'occasion d'affirmer son propre style de recherche. Ces jeunes équipes représentent un facteur de renouvellement de l'ensemble de notre dispositif de recherche.

Comme les êtres vivants, les laboratoires ou les écoles ont une durée de vie limitée, et c'est aux responsables de l'évaluation d'être suffisamment vigilants et courageux pour dissoudre les structures devenues obsolètes. Il s'agit de choix toujours douloureux, qui doivent mettre en balance la nécessité de préserver des secteurs d'activité provisoirement en perte de vitesse et l'indispensable renouvellement des laboratoires et des sujets de recherche qui impose de détruire pour construire.

VI

COMPÉTITION
ET EXERCICE DU POUVOIR

Parmi les valeurs clefs prônées par notre société libérale figure en bonne place l'esprit de compétition qui, dans le cas particulier de la recherche française, serait émoussé par l'existence d'un corps de chercheurs et d'enseignants fonctionnaires bénéficiant d'un statut protégé. Mais la créativité est-elle indissociable de l'esprit de compétition ? À ma connaissance, les peintres ou les musiciens n'ont généralement pas pour motivation principale de battre un concurrent de quelques coups de pinceau ou de quelques notes de musique supplémentaires. En ce qui concerne les grands découvreurs, je ne pense pas que le génie d'Einstein, par exemple, ait jamais été stimulé par le désir forcené de devancer un concurrent éventuel. Pour un Jim Watson qui, dans son livre *La Double Hélice*, s'est construit, probablement par provocation, l'image déprimante d'un chercheur prêt à tout pour devancer ses concurrents, combien de grands créateurs, rêveurs ou poètes de la science ne trouveront plus de place dans le monde impitoyable que les tenants de la compétition à outrance nous préparent ? Une personnalité telle que Pierre Curie aurait été très probablement éliminée par les instances d'évaluation actuelles. Je refuse d'assimiler la science et tout particulièrement la recherche fondamentale à la course à pied, où la victoire se joue à un dixième de seconde près. La satisfaction que l'on peut éprouver à précéder une équipe concurrente de quelques semaines me paraît bien dérisoire. Une telle situation révèle généralement que les concepts nouveaux sont déjà en place et qu'il ne s'agit que de finaliser un progrès déjà acquis. La compétition entre de nombreux laboratoires est, de plus, particulièrement coûteuse et inutile pour la société puisque la découverte – si découverte il y a – sera de toute façon effectuée par l'un des laboratoires concernés. Le combat passionnant qu'il faut mener pour comprendre l'inconnu doit représenter une motivation suffisante sans qu'il soit nécessaire d'y adjoindre le piment de la compétition dont le but ultime n'est jamais que de satisfaire son ego. Ce n'est que dans le cas de recherches appliquées, porteuses d'enjeux économiques à court terme, que l'esprit de compétition devient un facteur de stimulation indispensable. Ces recherches s'inscrivent tout naturellement dans la logique promue par nos sociétés libérales.

On pourrait citer de nombreuses conséquences néfastes pour les individus, et pour la recherche en général, engendrées par l'esprit de compétition considéré comme le moteur essentiel du progrès scientifique. La pression perpétuelle qui met en cause leurs moyens de financement, et parfois même leur carrière, pousse certains chercheurs à adopter des comportements contraires à l'éthique. Au début d'un siècle que l'on prétend marqué par le triomphe de la communication, on peut observer que les chercheurs hésitent de plus en plus à évoquer, lors de discussions informelles, leurs projets et leurs fantasmes scientifiques. Ils se limitent à faire état de résultats déjà publiés. Une telle autocensure se manifeste clairement dans les réunions internationales et se traduit par une régression par rapport au climat de libre communication dont j'ai pu profiter dans ma jeunesse. Ces réunions perdent ainsi l'intérêt de représenter des espaces où s'élaborent et se confrontent les nouveaux concepts. Certains chercheurs sont conduits à des dérives éthiques plus graves, qui se traduisent par le refus délibéré de citer des travaux antérieurs, l'appropriation de résultats d'autrui ou la publication prématurée de résultats préliminaires et incertains. La fraude scientifique, forme ultime de ces dérives éthiques, bien que ne représentant encore qu'un épiphénomène, pourrait progressivement gangrener notre communauté.

L'esprit de compétition conduit souvent les individus, qu'il s'agisse de cadres du monde socio-économique ou de chercheurs, à adopter des rythmes de travail qui peuvent devenir insupportables. Cette dérive me paraît particulièrement injustifiable dans le cas de la recherche, même en ne prenant en compte que le critère de l'efficacité. La fatigue ne me semble en aucun cas un facteur stimulant la créativité. Je me suis toujours senti plus « intelligent » et plus créatif au retour de mes vacances plutôt qu'après une période de travail épuisante. Enfin et surtout, je ne vois pas au nom de quelle éthique ou de quelle morale il serait nécessaire de pousser les individus à sacrifier leur vie personnelle et familiale à une religion du travail, tout en mettant en danger leur santé et leur équilibre psychologique.

J'ai été éduqué dans un environnement familial qui professait un véritable culte des vacances. Celles-ci n'étaient pas considérées comme une simple période de repos, mais comme une occasion d'exercer d'autres passions que celle de la recherche.

Lors de la période la plus productive de leur vie scientifique, et bien qu'ils fussent alors confrontés à une compétition internationale sévère, mes parents consacraient plus de deux mois par an à des vacances particulièrement actives. Ils partageaient cette passion des vacances avec leurs amis universitaires et, lors de ces périodes de détente, ils n'étaient plus concernés que par l'exercice de nombreux sports tels que le ski, la montagne, la navigation ou le canoë, sports où ils faisaient souvent figure de précurseurs. C'est justement parce que la science était pour eux une passion que mes parents pensaient qu'il était indispensable de pratiquer, à travers les périodes de vacances, de véritables « cures de désintoxication ». Dans ma propre expérience, les vacances représentent en effet une occasion unique de me ressourcer et de sortir des ornières dogmatiques dans lesquelles nous tombons tous immanquablement. Devenu à mon tour directeur d'un laboratoire, j'ai toujours essayé de poursuivre cette tradition en tentant de convaincre mes collaborateurs de la nécessité de périodes de rupture leur permettant de s'évader pour quelque temps du monde parfois oppressant dans lequel ils sont enfermés.

L'une des conséquences sociologiques particulièrement nocives de la primauté accordée à l'esprit de compétition est de défavoriser la promotion des femmes à des postes de responsabilité. On constate que plus une profession est dite « compétitive », plus la proportion de femmes diminue. Personne pourtant n'oserait plus justifier de telles inégalités par un manque d'aptitude des femmes à l'exercice de telles fonctions. L'origine de ce déséquilibre est d'abord à rechercher dans une culture, ancrée dans le passé de la plupart des sociétés, qui exclut les femmes de l'exercice du pouvoir. L'esprit de compétition ne fait qu'aggraver ces inégalités car, fondé sur le désir de dominer les autres, il s'accompagne généralement d'une poursuite exacerbée vers plus de reconnaissance et de pouvoir. Les femmes, probablement pour des raisons culturelles, manifestent généralement moins de goût à l'exercice du pouvoir que les hommes qui, de toute façon, ne sont pas disposés à le leur abandonner. En second lieu, les femmes sont moins disposées à sacrifier leur vie personnelle à leur carrière, à supposer que le choix leur en soit laissé par les hommes, encore peu enclins à contribuer aux tâches familiales. Je ne peux donner aucune leçon dans ce domaine, dans la mesure où j'ai laissé mon épouse, chercheur au CNRS, assurer l'essentiel des responsabilités familiales, certainement aux dépens de sa propre carrière scientifique. C'est d'ailleurs au nom de la compétition que beaucoup d'hommes justifient leur refus de s'investir dans des activités extra-professionnelles.

Il est inquiétant de constater que, dans le cas de la recherche publique française, pourtant moins soumise que d'autres secteurs aux effets pervers d'une compétition excessive, la promotion des femmes reste notoirement insuffisante. Dans le cas particulier de la biologie et des sciences humaines, la proportion de femmes aux échelons élevés de la hiérarchie reste très faible, bien qu'elles soient particulièrement bien représentées dans ces secteurs de la science. Le renforcement de la compétition dans les années 1970 s'est immédiatement traduit par une diminution de la promotion des femmes. On peut relever que moins de 15 % des directeurs de laboratoire appartenant au département des sciences de la vie du CNRS sont des femmes. Le cas de certaines structures considérées comme prestigieuses est encore plus inquiétant. Le Collège de France n'a jamais comporté plus de deux femmes sur une cinquantaine de professeurs en activité et, pendant une courte période récente, n'en a comporté aucune. Ce score calamiteux est en voie d'amélioration, mais on peut supposer que la proportion de femmes restera pendant plusieurs années inférieure à 10 %. De même, environ 5 % des membres ou correspondants de l'Académie des sciences sont des femmes, montrant ainsi que l'époque où les candidatures de Marie Curie et d'Irène Joliot-Curie, toutes deux prix Nobel, n'avaient pas été retenues n'est pas tellement éloignée de nous. Le fait qu'une femme, Marianne Grunberg-Manago, a été portée à la présidence de l'Académie des sciences et que, plus récemment, Nicole Le Douarin a été élue secrétaire perpétuelle laisse cependant espérer une évolution positive dans ce domaine. Cette place insuffisante réservée aux femmes n'est pas, loin s'en faut, spécifique à la France. Le nombre de femmes occupant des postes de responsabilité dans la plupart des pays industrialisés est souvent inférieur à celui de la France. De telles statistiques peuvent paraître fastidieuses, mais elles ont le mérite de souligner un déséquilibre inacceptable. Il est particulièrement préoccupant de constater que, dans un organisme comme le CNRS, qui comporte une proportion élevée de femmes, peu de progrès ont été réalisés dans le dernier demi-siècle en ce qui concerne l'égalité de promotion. Les efforts louables des pouvoirs publics dans ce domaine ne prendront toute leur signification que s'ils se traduisent par une augmentation de la promotion des femmes à tous les niveaux de la hiérarchie. Des progrès ne peuvent être espérés qu'au prix d'une évolution profonde des mentalités incluant en particulier un meilleur partage des responsabilités familiales.

D'une manière générale, il faut éviter de sélectionner en priorité ceux qui cherchent simplement à assouvir un désir immodéré de pouvoir. Je reste convaincu que, dans notre métier, les personnalités les plus dignes et les plus aptes à assumer des responsabilités sont souvent celles qu'il faut convaincre, parfois avec difficulté, d'accepter ces charges de travail qui les éloignent de la recherche. Une telle politique favoriserait certainement la promotion des femmes dans la mesure où, comme je l'ai déjà dit, elles se révèlent souvent moins avides de pouvoir et plus concernées par l'intérêt général. L'essentiel reste cependant de convaincre les meilleurs chercheurs, femmes ou hommes, d'accepter, pour des périodes transitoires, des fonctions de responsabilité. C'est à ce prix que nous éviterons que les décisions engageant notre avenir ne soient prises que par des administrateurs n'ayant jamais eu ou ayant perdu tout contact avec la réalité de la recherche. Ces périodes d'exercice de responsabilité devraient être de durée limitée afin que le chercheur puisse renouer avec la pratique de la recherche. Une telle politique, qui impose une rotation des fonctions de responsabilité et par conséquent la participation d'un grand nombre de chercheurs, permettrait d'éviter la sclérose et les dérives qui ne manquent pas de frapper ceux qui s'isolent progressivement dans les tours d'ivoire que représentent les structures où s'exerce le pouvoir.

VII

RECHERCHE
ET ENVIRONNEMENT SOCIOLOGIQUE

L'organisation et l'efficacité de la recherche en France sont souvent jugées par référence à celle des États-Unis qui reste quantitativement et qualitativement la première du monde. Fascinés par cette suprématie, que nul ne songe à contester, beaucoup d'acteurs de la recherche en France sont tentés d'imiter les structures en vigueur aux États-Unis qui se placent pourtant dans un contexte socioculturel entièrement différent. Les pays européens, qui, à titre individuel, ne peuvent rivaliser avec le géant américain, sont cependant porteurs d'une tradition culturelle et politique qu'il importe avant tout de préserver. Face au triomphe de la libre entreprise et à la montée des féodalités nouvelles que représentent les multinationales, beaucoup de nos compatriotes jugent cependant que l'État doit continuer à jouer un rôle déterminant, dépassant celui d'une simple instance de régulation. Ce point de vue transcende les clivages politiques droite-gauche et, bien qu'il soit contesté par les chantres d'un libéralisme pur et dur, il restera, je l'espère pour longtemps, l'une des caractéristiques de notre pays. Une seconde tradition reste la protection sociale des individus, tradition encore vivante mais qui, malheureusement, laisse sur le bord de la route une fraction de la population. À l'accusation souvent portée de « société d'assistés », je répondrai qu'une société n'offrant comme perspective qu'une compétition sans merci où les soi-disant meilleurs gagnent en écrasant les plus faibles et les moins combatifs ne me semble pas porter l'espoir d'un avenir particulièrement radieux. Une société qui survit en créant des besoins artificiels pour produire efficacement des biens de consommation inutiles ne paraît pas non plus susceptible de répondre à long terme aux défis posés par la dégradation de notre environnement. Quels que soient nos choix politiques, il est certain qu'un doute s'installe quant aux bienfaits d'une mondialisation anarchique pratiquée sous la bannière d'un libéralisme sans contrôle. Une telle prise de conscience justifie à mes yeux que subsistent des îlots de résistance à une évolution que l'on jugeait, il y a peu de temps, irréversible.

Sans préjuger de leurs valeurs respectives, les structures d'organisation de la recherche en France, aux États-Unis et dans les différents pays industrialisés reflètent fidèlement les différences culturelles et sociologiques qui les caractérisent. Des environnements sociologiques différents conduisent à des pratiques de la science souvent complémentaires plutôt que concurrentes. Restant convaincu que la richesse naît de la diversité, je ne prétends pas établir une quelconque hiérarchie entre différents modes d'organisation de la science, et j'affirmerai plutôt que nous avons tout à gagner au maintien d'une large diversité culturelle.

La recherche américaine trouve son dynamisme dans une compétition acharnée et une mobilité géographique de la grande majorité des chercheurs. La proportion de ceux qui profitent d'un poste permanent est faible, et la « tenure » ne leur est généralement accordée qu'à un stade avancé de leur carrière. Même pour ceux-ci, la poursuite d'une activité de recherche est liée à l'obtention de contrats, les « *grants* », attribués sur des bases hautement sélectives. Une part importante de l'activité des chercheurs est alors consacrée à la rédaction de ces demandes de subventions. Ils doivent participer à d'innombrables réunions scientifiques, nationales et internationales, condition indispensable pour faire reconnaître leur travail par la communauté scientifique. Un tel mode d'organisation de la recherche stimule l'activité des chercheurs mais rend difficile la prise de risque toujours accompagnée d'une baisse, même temporaire, du rythme de publication. La National Science Foundation ou le

National Institute of Health, puissants organismes gouvernementaux subventionnant la recherche fondamentale, sont conscients de ce danger et ont décidé de réserver une part des crédits au financement de projets en dehors de la norme. La difficulté, je l'ai déjà souligné, reste que les projets réellement novateurs risquent d'échapper à la perspicacité des évaluateurs. La science américaine utilise une méthode plus efficace en important systématiquement les chercheurs étrangers porteurs d'idées nouvelles. Une telle politique suppose des structures suffisamment souples permettant de dégager rapidement les moyens humains et matériels nécessaires.

Les États-Unis se caractérisent également par le rôle essentiel joué par la recherche industrielle, dont les objectifs ambitieux dépassent souvent le cadre d'une recherche appliquée à court terme pour déborder sur une recherche à vocation cognitive. Cette véritable « culture de la recherche » des entreprises américaines explique également que celles-ci offrent de nombreux débouchés aux étudiants et docteurs formés dans des laboratoires universitaires. Les chercheurs représentent plus de 6 % du personnel des entreprises américaines contre moins de 3 % en Europe.

La recherche française se caractérise au contraire par une proportion importante de chercheurs ou d'enseignants fonctionnaires. Ils acquièrent ce statut relativement jeunes, généralement entre vingt-cinq et trente-cinq ans. Les chercheurs français, confrontés au départ à une compétition particulièrement sévère pour intégrer les organismes de recherche ou l'université, profitent ensuite, s'ils font partie des rares élus, d'un statut protégé. On constate que, face à un puissant dispositif de recherche d'État, les moyens humains et matériels consacrés à la recherche par les entreprises privées françaises sont très insuffisants. Le manque d'intérêt pour la recherche trouve en partie son explication dans le mode de recrutement des ingénieurs qui proviennent en majorité des grandes écoles, dispositifs d'enseignement particuliers à notre pays. Ce recrutement effectué généralement à la sortie des grandes écoles restreint les possibilités de recrutement pour les chercheurs formés dans des laboratoires appartenant aux grands organismes ou à l'université qui se retrouvent plus tardivement sur le marché du travail. Réciproquement, les cadres de l'industrie, recrutés très jeunes, ont rarement une expérience de la recherche. Cela peut expliquer l'incompréhension que manifeste souvent le milieu industriel vis-à-vis de la recherche. Facteur aggravant, la création de jeunes entreprises innovantes, les fameuses « *start up* », qui représentent un terrain d'accueil idéal pour les chercheurs, n'est que peu soutenue par les institutions financières françaises.

L'environnement sociologique des recherches française et américaine apparaît donc comme profondément différent, mais ces deux modes d'organisation se trouvent également désarmés pour gérer une population de chercheurs qui, depuis une vingtaine d'années, est pratiquement stationnaire. Dans la période d'expansion rapide qui a suivi la Seconde Guerre mondiale, le besoin de nouveaux chercheurs était tel que la compétition, même aux États-Unis, était moins impitoyable, laissant ainsi aux chercheurs créatifs, mais hors normes, suffisamment d'espaces de liberté. De même, dans les systèmes protégés tels que le nôtre, le grand nombre de jeunes chercheurs recrutés chaque année était suffisant pour apporter le sang neuf indispensable pour dynamiser notre communauté. L'arrêt brutal de la période d'expansion de la recherche agit comme un révélateur des défauts inhérents à chacun des modes d'organisation de la recherche. Les difficultés, que toutes les nations scientifiques rencontrent pour gérer une communauté scientifique qui n'est plus en expansion, ne doivent pas nous conduire à adopter sans réflexion des structures inadaptées aux réalités sociologiques de notre pays. Deux attitudes peuvent en effet être envisagées. Une première possibilité est de se plier à l'idéologie dominante en alignant notre appareil de recherche sur celui des États-Unis et de la majorité des autres pays industrialisés. Il faut alors se donner les moyens d'aller jusqu'au bout de cette logique en bouleversant de fond en comble nos structures de recherche. Cela suppose de se sentir assez fort pour abattre les nombreux obstacles qui s'opposeront à ce qui apparaîtra comme une révolution. Que ces oppositions soient justifiées ou non, que ces barrières soient culturelles, syndicales ou qu'elles traduisent simplement la défense d'avantages acquis, l'expérience prouve que la résistance que manifeste toute communauté au changement conduit le plus souvent à l'échec de telles politiques. Toute tentative pour imposer sans concertation de telles révolutions provoque des réflexes d'auto-défense de la part d'une communauté qui se fige alors dans l'immobilisme.

Une seconde possibilité est de profiter de nos spécificités pour construire et préserver un mode original d'organisation de la science. Il s'agit d'affirmer sans complexes nos différences, de tenter d'en tirer le meilleur parti tout en corrigeant certains défauts flagrants de nos structures de recherche. Grâce à leur statut protégé, les chercheurs en France sont particulièrement bien placés pour prendre des risques scientifiques qui devraient favoriser leur créativité. Les phases de faible productivité scientifique, inhérentes à toute démarche novatrice, ne mettent pas en cause leur emploi et ne se répercutent pas instantanément sur le financement de leur recherche. Cette liberté exceptionnelle devrait leur permettre de pratiquer une politique de prise de risques tendant à ouvrir des nouveaux champs de recherche et cela même dans des domaines considérés parfois comme mineurs. De plus, l'engagement de courses-poursuites dans les domaines à la mode suppose des investissements considérables alors qu'une recherche plus innovante, hors des sentiers battus, se révèle généralement moins coûteuse.

C'est plutôt au niveau européen, seul capable de rivaliser avec le géant américain, que devraient être décidés les investissements les plus importants concernant certains secteurs de la science lourde, souvent essentiels sur le plan stratégique, ainsi que les domaines de recherche les plus compétitifs. Le système de recherche français devrait donc théoriquement être en mesure de fournir un contingent important de chercheurs innovants, pouvant se consacrer pleinement à l'exercice de leur véritable métier d'expérimentateur ou de théoricien. Force est de constater que nous sommes loin de cette vision idyllique. Sous le prétexte d'accroître la compétitivité de notre dispositif de recherche, certains tentent d'appliquer des couches superficielles de peinture libérale sur un appareil de recherche qui reste essentiellement contrôlé par l'État. Une telle politique ne peut que conduire à la fabrication d'un monstre qui cumulera les faiblesses des deux systèmes. Les chercheurs peu motivés, bien que moins nombreux que ce qu'on laisse entendre, resteront protégés par leur statut de fonctionnaires. Les chercheurs originaux ne seront pas encouragés à profiter de la chance exceptionnelle qui leur est offerte et que nous envient beaucoup de nos collègues étrangers, la possibilité de prendre des risques scientifiques. L'adoption de plus en plus courante de critères d'évaluation d'ordre quantitatif conduit les chercheurs à s'agglutiner autour de quelques thèmes de recherche en vogue et représente un moyen efficace pour décourager les chercheurs talentueux d'aborder des sujets novateurs.

L'évolution des conditions de travail des chercheurs est inquiétante, car le temps qu'ils sont en mesure de consacrer à la recherche diminue comme une peau de chagrin. Parmi les jeunes chercheurs, cette évolution touche prioritairement les plus brillants et les plus originaux d'entre eux avant même que leur soient confiées des responsabilités de direction. De même, beaucoup de jeunes chefs d'équipe ne participent plus à l'effort de recherche que de leur bureau, abandonnant très tôt le contact avec la réalité expérimentale. La situation des enseignants-chercheurs est encore plus critique face à des tâches liées à l'enseignement, à son organisation surtout, qui deviennent de plus en plus lourdes.

Il est donc indispensable de faire évoluer nos structures en continuant à affirmer notre identité culturelle. La compétitivité de la recherche fondamentale française serait certainement améliorée en augmentant la part de financement sur contrats. Le choix des contractants devrait, toutes les fois que cela est possible, procéder d'une évaluation *a posteriori*, et ces contrats devraient irriguer l'ensemble du tissu de recherche français, et non pas seulement les quelques secteurs considérés arbitrairement comme prioritaires. Sur ce point, la recherche fondamentale française n'est pas à armes égales avec la recherche américaine. Il existe en effet aux États-Unis de puissantes agences, telle la National Science Foundation, dont la vocation est de financer une recherche fondamentale de haut niveau, sans que celle-ci ait à se justifier par des promesses d'application irréalistes. Dans le domaine budgétaire, il faut reconnaître que l'effort consenti par la France pour la recherche – et tout particulièrement pour la recherche fondamentale – est particulièrement décevant. Le budget de la recherche ne représente plus que 2,1 % du produit national brut contre 2,8 % aux États-Unis. Quel que soit le cadre organisationnel en vigueur, le financement actuel, notoirement insuffisant, se traduira nécessairement par une baisse de compétitivité de la recherche française.

Il faut ajouter que les conditions actuelles d'attribution de contrats sont le plus souvent scandaleuses, tout particulièrement au niveau européen. Sous le prétexte de favoriser les transferts vers la recherche industrielle, les critères de sélection des projets financés deviennent de plus en plus contestables. Il y a une trentaine d'années, la recherche fondamentale française s'était approchée d'un équilibre satisfaisant entre le financement récurrent assuré par les grands organismes de recherche et un financement sur contrats assuré par la Délégation générale à la recherche scientifique et technique (DGRST). L'évaluation par les commissions créées au sein d'organismes tels que le comité national du CNRS, comprenant une représentation équilibrée de membres élus et nommés, assurait la stabilité du dispositif de recherche en amortissant les oscillations brutales de politique scientifique. Les comités plus élitistes de la DGRST s'adaptaient plus rapidement à l'évolution de la conjoncture scientifique.

Cette dualité de financement présentait une réelle complémentarité, qui permettait de compenser les défauts inhérents à chacune de ces deux structures, un certain immobilisme dans un cas, une tendance aux engouements passagers dans l'autre.

L'une des critiques majeures qui peut être portée contre la recherche française concerne la lenteur des processus de prise de décision. Cette lenteur vient à la fois d'une administration trop contraignante et de la lourdeur des structures d'évaluation. On peut citer, par exemple, notre incapacité à recruter rapidement des chercheurs étrangers susceptibles de créer ou de dynamiser des domaines de recherche, alors que les États-Unis y excellent. Sans bouleverser le fonctionnement de structures telles que le comité national du CNRS, qui se révèlent d'une grande efficacité dans de nombreux domaines, il serait nécessaire de laisser aux décideurs une marge de manœuvre les autorisant à prendre des décisions rapides dans un nombre limité de cas. Le bien-fondé de telles décisions qui amélioreraient la réactivité de notre dispositif de recherche devrait être évalué *a posteriori* par les instances d'évaluation normales et engagerait la responsabilité de leurs auteurs.

Il est également indispensable de vaincre les barrières culturelles et sociologiques qui séparent le monde de la recherche universitaire du monde industriel. Il faut reconnaître que, dans ce domaine, des progrès significatifs ont déjà été obtenus grâce à l'action volontariste des responsables politiques, de droite ou de gauche. Un long chemin reste cependant à parcourir pour convaincre le monde industriel que son avenir repose en grande partie sur les moyens humains et matériels qu'il investira dans la recherche.

Enfin, une simplification des procédures administratives, particulièrement lourdes dans notre pays, devrait être une priorité absolue facilement atteinte en accordant plus de confiance aux responsables scientifiques. Un exemple caricatural est celui de la politique menée par le ministère de l'Économie et des Finances qui impose aux grands organismes de recherche la passation de marchés publics avec les entreprises, y compris dans le cas du petit matériel scientifique et des produits chimiques. Il en résulte à la fois un alourdissement des procédures administratives, l'impossibilité de choisir le produit disponible le mieux adapté et des délais parfois insupportables. Lorsqu'un marché est épuisé, il devient alors impossible, pendant une période indéterminée, de se procurer un matériel particulier. Paradoxalement, ces pratiques conduisent parfois à une augmentation des coûts, les négociations financières menées individuellement, par exemple dans le domaine de l'informatique, se révélant plus favorables que celles menées au niveau de l'organisme.

Si la passation de marché public paraît indispensable dans le cas d'investissements lourds, une telle politique devient absurde dans celui de petites dépenses. L'instauration de contrôles administratifs *a posteriori* devrait suffire pour éviter les dérives, au demeurant rares dans une communauté qui reste foncièrement honnête. Il serait possible de multiplier les exemples de telles erreurs de gestion qui, à travers les heures de travail perdues par les chercheurs, les personnels techniques et administratifs, diminuent de manière dramatique la rentabilité des investissements consentis par la nation en faveur de la recherche publique. Une simplification des procédures administratives est donc indispensable. Elle devrait être associée au transfert d'une fraction du personnel administratif depuis les administrations centrales vers les unités de recherche. Cela permettrait de rapprocher chercheurs et personnel administratif qui font souvent preuve d'une incompréhension réciproque. Elle éviterait, de plus, d'utiliser les directeurs d'unité à des tâches pour lesquelles ils sont le plus souvent peu doués et auxquelles ils n'ont pas été formés.

Dans une société où la notion d'efficacité est devenue une valeur prioritaire, il serait temps de chiffrer la rentabilité de l'ensemble des activités qui éloignent les chercheurs de leur véritable vocation. Les tâches d'administration de plus en plus envahissantes, la chasse aux contrats, le renforcement des procédures d'évaluation et la participation à d'innombrables comités ont un coût important exprimé en heures de travail et dont la rentabilité devrait être évaluée. Actuellement, ce coût me paraît largement supérieur aux économies et aux gains de productivité que ces contraintes imposées aux chercheurs sont censées générer.

VIII

RECHERCHE ET UNIVERSITÉ

L'existence de grands organismes d'État tels que le CNRS, l'INSERM[1] et l'INRA[2], structures indépendantes des universités et qui regroupent plus de 17 000 chercheurs auxquels il faut ajouter environ 27 000 agents techniques et administratifs, tous dotés du statut de fonctionnaire, représente l'une des singularités majeures de la recherche

---

1. INSERM : Institut national de la santé et de la recherche médicale.
2. INRA : Institut national de la recherche agronomique.

française. Ce mode d'organisation de la recherche diffère de celui existant dans la majorité des pays industrialisés où l'essentiel de la recherche à vocation cognitive est pratiqué au sein d'universités qui associent étroitement les fonctions de recherche et d'enseignement. D'autres pays comportent des structures de recherche non associées à l'université, par exemple les instituts Max-Planck en Allemagne, mais l'effectif des personnels concernés reste très inférieur à celui de nos grands organismes. Cette singularité française représente, depuis la création du CNRS, un sujet de discorde au sein de la communauté scientifique, souvent relayé au niveau des instances politiques, de droite comme de gauche. Là encore, il faut choisir entre un alignement sur les normes en vigueur dans la majorité des autres pays ou le maintien d'une structure originale, sur laquelle repose depuis un demi-siècle le dynamisme de la recherche française.

Il est intéressant de rappeler l'historique du premier établissement de recherche publique en France, le Centre national de la recherche scientifique. La création du CNRS est le résultat des efforts poursuivis depuis le début des années 1930 par Jean Perrin et un groupe de chercheurs prestigieux pour convaincre les pouvoirs publics de la nécessité de doter la recherche française des moyens humains et matériels lui permettant de tenir son rang parmi les grandes nations scientifiques. La création en 1928, grâce à la générosité du baron Edmond de Rothschild, de l'Institut de biologie physico-chimique avait permis à Jean Perrin de mettre à l'épreuve, en vraie grandeur, ses conceptions sur l'organisation de la recherche scientifique. En rassemblant physiciens, chimistes et biologistes, ce nouvel institut constituait un ensemble multidisciplinaire totalement novateur pour l'époque. Parallèlement au soutien matériel des recherches, la fondation Rothschild assurait le financement de chercheurs à plein temps qui, associés à des enseignants, étaient regroupés au sein de petites unités profitant d'une très large autonomie scientifique. La direction de l'institut était assurée par plusieurs directeurs, soulignant ainsi le choix délibéré d'un pouvoir de décision scientifique partagé. Dans un texte portant sur l'organisation de la recherche scientifique, Jean Perrin rappelle la genèse du projet qui devait conduire à la création du CNRS. Jean Perrin et ses collègues, codirecteurs de l'Institut de biologie physico-chimique, élaborent un projet dans lequel ils se proposent de généraliser à l'ensemble de la recherche française les principes qu'ils avaient pu expérimenter au sein de l'institut qu'ils dirigeaient.

Ils proposent la création d'un service national de la recherche. Ce projet prévoyait déjà la création de quatre classes de chercheurs dotés d'un statut de contractuels de l'État et dont les rémunérations seraient alignées sur celles des personnels de niveaux équivalents de l'enseignement supérieur. En alignant les carrières des chercheurs sur celles des enseignants, Jean Perrin espérait favoriser les échanges entre les deux communautés. Il faut malheureusement constater que la majorité des chercheurs affectés aux grands organismes tels que le CNRS font preuve d'une mobilité vers l'enseignement ou l'industrie notoirement insuffisante. La fonctionnarisation du statut des chercheurs en 1984 n'a pas amélioré cet état de fait. Jean Perrin proposait également la création d'un conseil supérieur de la recherche divisé en sections correspondant aux différentes disciplines scientifiques. Ce conseil devait comprendre un ensemble de personnalités éminentes, nommées et élues, auxquelles seraient associés des représentants élus des jeunes chercheurs. Ce conseil était chargé de choisir les jeunes chercheurs, de décider des promotions et de distribuer les moyens matériels indispensables à la poursuite d'une recherche moderne et compétitive. Une telle structure, proposée dès 1933, rompait délibérément avec les traditions mandarinales qui prévalaient alors dans l'université française. Ce conseil préfigurait le comité national de la recherche mis en place lors de la création du CNRS. Il est important de souligner que ce projet fut ardemment soutenu par de grands responsables universitaires comme Charles Maurain, alors doyen de la faculté des sciences de Paris. Jean Perrin et

Charles Maurain réussirent à convaincre le directeur de l'enseignement supérieur de l'époque, Jacques Cavalier, qui accepta, comme l'a rappelé Jean Perrin, « non seulement de ne pas combattre mais encore de défendre tel quel ce projet ». Jean Perrin a été soutenu par la majorité des chercheurs prestigieux de l'époque, toutes disciplines scientifiques confondues, parmi lesquels il faut citer Marie Curie, directement associée aux négociations avec les pouvoirs publics. Il a fallu attendre 1935 pour que se concrétisent ces efforts avec la création de la Caisse nationale des sciences. En 1936, le premier gouvernement de Front populaire, présidé par Léon Blum, crée pour la première fois en France un sous-secrétariat à la recherche scientifique dont Irène Joliot-Curie fut la première titulaire. Il faut rappeler que les femmes n'avaient pas encore le droit de vote et que la nomination de quatre femmes comme secrétaires d'État représentait à l'époque une véritable révolution. Ma mère accepta ce poste avec beaucoup de réticences. Elle céda finalement aux pressions amicales de Jean Perrin sous la promesse que celui-ci accepte de la remplacer à brève échéance. C'est certainement le caractère hautement symbolique de cette nouvelle fonction qui affirmait à la fois le rôle éminent que le nouveau gouvernement voulait accorder aux femmes et l'importance qu'il réservait à la recherche dans la société qui décidèrent ma mère à l'accepter bien qu'elle n'ait jamais manifesté aucun goût pour l'exercice du pouvoir.

Les motivations qui ont poussé ces chercheurs, tous membres de l'enseignement supérieur, à proposer la création de structures de recherche indépendantes de l'université sont multiples. Les structures de l'université française étaient à l'époque profondément mandarinales, le titulaire d'une chaire disposant d'un pouvoir absolu dont il usait parfois à mauvais escient. Les moyens humains et matériels consacrés à la recherche étaient dérisoires, interdisant ainsi aux professeurs les plus dynamiques de développer des laboratoires dignes de ce nom. Les universitaires qui ont participé à la création du CNRS avaient constaté que l'université ne s'engageait qu'avec difficulté et retard dans les voies nouvelles ouvertes par les révolutions successives marquant régulièrement la science et la pratique de la recherche depuis la fin du XIXᵉ siècle. Enfin, l'expérience personnelle de ces chercheurs de talent leur avait montré que les lourdes charges associées à la pratique du métier d'enseignant ne leur permettaient pas de consacrer à la recherche un temps suffisant, particulièrement dans les domaines les plus compétitifs de la science. S'ils restaient convaincus qu'enseignement et recherche représentaient des activités indissociables, ils considéraient que la création d'un corps de chercheurs à temps plein était indispensable pour répondre aux besoins nouveaux liés à l'expansion rapide de la recherche. Dans la mesure du possible, chercheurs à temps plein et universitaires devaient travailler en étroite synergie au sein des mêmes laboratoires.

Il est incontestable que la Caisse nationale des sciences, puis le CNRS en 1939 ont permis l'émergence de nouveaux champs de recherche pris en compte plus tardivement par l'université. On peut citer comme exemple les difficultés rencontrées dans les années 1950 pour imposer à l'université la création d'enseignements modernes de biologie moléculaire et cellulaire. Le revers de la médaille a été de rendre l'université française moins compétitive et le métier d'enseignant moins attractif, beaucoup d'étudiants choisissant en priorité de se présenter aux concours de recrutement des grands organismes de recherche. Il en résulte encore un certain nombre de frustrations de la part des enseignants, surchargés par leurs fonctions d'enseignement et encore plus par les innombrables tâches organisationnelles qui leur incombent. Ils ne sont pas à armes égales avec les chercheurs qui peuvent faire progresser plus rapidement leur recherche. Ce sentiment d'injustice est renforcé par le fait que les enseignants sont essentiellement évalués sur la base de leurs travaux de recherche alors qu'ils devraient être jugés avant tout sur la qualité de leur enseignement. Il est indispensable de redonner aux enseignants, sur lesquels reposent en particulier la formation des futurs chercheurs et donc l'avenir de la recherche, le statut prestigieux auquel ils peuvent prétendre. La pratique de l'enseignement, comme celle de la recherche, doit avant tout être vécue comme une passion et non comme une routine. Toute tentative pour établir une hiérarchie de valeur entre recherche et enseignement ne peut conduire qu'à dévaluer injustement l'une de ces deux formes d'activités. Dans ce domaine, une politique particulièrement absurde est de pousser d'une manière systématique les chercheurs considérés comme improductifs vers l'enseignement supérieur. Il s'agit là du moyen le plus sûr pour dévaloriser le métier d'enseignant. De plus, un chercheur médiocre n'a que peu de chances de faire un enseignant de qualité, pas plus qu'un mauvais enseignant ne fera *a priori* un bon chercheur. S'il est indispensable qu'un nombre plus élevé de chercheurs seniors, formés au sein des grands organismes, se dirigent vers l'enseignement supérieur, ce choix doit s'effectuer sur des critères positifs, c'est-à-dire sur la base de leur capacité et de leur motivation, et non sur un constat d'échec.

De nombreux progrès ont été réalisés dans les universités françaises depuis l'époque de Jean Perrin. Celles-ci restent parfois victimes d'une tradition d'égalitarisme excessif qui oblige chacune d'entre elles à se couler dans un moule commun. Par ailleurs, l'absence totale de sélection à l'entrée des universités, censée assurer l'égalité des chances, se révèle inopérante dans ce domaine tout en représentant un lourd handicap d'un point de vue opérationnel. Cette contrainte imposée aux universités ouvre une voie royale aux grandes écoles qui pratiquent au contraire une sélection poussée aux limites de l'absurde. Toute sélection poussée à l'extrême devient nécessairement normative, excluant ainsi un grand nombre d'esprits originaux souvent inaptes à se couler dans le moule qui leur est imposé.

Qu'en est-il aujourd'hui, plus de soixante ans après la création du CNRS ? L'exception française dans ce domaine est périodiquement remise en cause par certains scientifiques et hommes politiques, de droite ou de gauche. Quelques-uns vont même jusqu'à proposer la suppression des grands organismes ou, tout au moins, leur transformation en agences de moyens ne gérant pas directement de personnels, à l'image de la National Science Foundation aux États-Unis. De telles prises de position me paraissent irréalistes et irresponsables, et ce, quel que soit le bien-fondé des critiques portées sur nos structures de recherche. Le problème n'est pas de savoir si la création des grands organismes a affaibli les universités françaises mais plutôt de tenir compte de la réalité actuelle. Les universités françaises ne sont pas préparées, ni sur le plan technique ni sur le plan culturel, à intégrer les quelque 17 000 chercheurs des grands organismes. De plus, les motivations qui ont poussé Jean Perrin et ses collègues à proposer la création d'un corps de chercheurs à temps plein me paraissent plus d'actualité que jamais. J'ai longuement insisté sur les effets pervers de la diminution du temps disponible consacré à la pratique de la recherche due à la multiplicité des tâches qui assaillent les chercheurs et les enseignants. Une telle situation n'est pas spécifique à la France, et nos collègues étrangers sont frappés de plein fouet par cette évolution qui limite de plus en plus leurs capacités de recherche.

Plutôt que de détruire un outil performant dont la nécessité s'imposera peut-être à d'autres pays, tout en attisant les conflits qui peuvent exister entre chercheurs et enseignants, une politique raisonnable serait d'œuvrer à une meilleure intégration de la recherche universitaire et de celle des grands organismes. Les unités de recherche, qu'elles soient pilotées par l'université, par les grands organismes ou par les deux, devraient obligatoirement comporter un mélange d'enseignants et de chercheurs. Une certaine division du travail peut alors être envisagée. Les chercheurs devraient prendre en charge les tâches d'intérêt général indispensables à la survie du laboratoire, la recherche de financement sur contrat, par exemple. De même, la participation aux nombreuses structures d'évaluation de la recherche, très consommatrice de temps, devrait être assumée prioritairement par les chercheurs. Il serait alors possible d'offrir aux enseignants intégrés dans les mêmes unités des conditions de travail leur permettant de poursuivre une activité de recherche personnelle. La présence d'enseignants dans une équipe de recherche est un facteur d'enrichissement car la préparation d'un enseignement représente toujours une ouverture vers des champs disciplinaires plus larges que ceux correspondant à une recherche qui, par essence, est toujours spécialisée. La cohésion de ces unités mixtes doit être renforcée par une participation significative des chercheurs aux tâches d'enseignement. Cette participation ne doit pas se limiter à l'encadrement de doctorants, qui fait partie intégrante de la fonction de chercheur. Elle devrait prendre des formes diverses telles que le tutorat et l'accueil d'étudiants pour des stages d'initiation à la recherche, la prise en charge d'enseignement et de travaux dirigés intégrés dans les modules d'enseignement, à tous les niveaux du cursus universitaire.

Bien qu'il existe déjà de nombreuses unités mixtes de recherche associant les grands organismes à l'université, la répartition des populations de chercheurs et d'enseignants au sein de ces unités reste encore très hétérogène. Beaucoup d'unités pilotées par les grands organismes ne comptent que peu ou pas d'enseignants. De même, beaucoup d'unités universitaires ne peuvent s'appuyer sur la présence d'un nombre suffisant de chercheurs permanents. L'évolution dans ce domaine est encore freinée par de nombreuses barrières administratives ou psychologiques. Il est ainsi très difficile pour une unité n'appartenant pas à l'université, et ne comportant pas déjà plusieurs enseignants-chercheurs, d'avoir accès au recrutement d'enseignants. C'est le cas de l'unité que j'ai dirigée pendant une trentaine d'années et qui ne comporte qu'un seul enseignant appartenant à l'université. Une politique volontariste menée conjointement par les responsables universitaires et par ceux des grands organismes est seule capable de vaincre les pesanteurs sociologiques qui bloquent une meilleure collaboration entre les deux communautés.

IX

EXPERTISE

Le statut du chercheur au sein de nos sociétés modernes a profondément évolué au cours du XXe siècle en raison de l'impact croissant des progrès de la science et de la technologie sur le monde qui nous entoure. La connaissance est devenue, à tous les niveaux de la société, un enjeu de pouvoir, et le chercheur est ainsi investi, parfois contre sa volonté, de nouvelles responsabilités. Il ne peut plus se contenter de rester enfermé dans la tour d'ivoire que représente son laboratoire et se doit d'apporter l'information le plus honnête et le plus fiable possible aux responsables du monde politique et économique, comme à l'ensemble des citoyens. Une compréhension des grands enjeux technologiques et scientifiques est indispensable pour que chacun puisse participer à travers le suffrage universel aux prises de décision qui nous concernent tous. Le fait que les scientifiques soient investis de responsabilités particulières quant à la communication de la connaissance ne peut justifier une prise du pouvoir par ceux qui savent – ou croient savoir – aux dépens des citoyens, masses supposées ignorantes. Déléguer le pouvoir de décision à une élite, même compétente mais irresponsable, sonnerait le glas de la démocratie.

Les chercheurs doivent se sentir investis des mêmes responsabilités quand ils communiquent la connaissance à travers les différents médias ou quand ils assument le rôle d'expert auprès des décideurs. Exercer cette fonction de communication tournée vers l'extérieur doit conduire les chercheurs à adopter, sur le plan éthique aussi bien que technique, un comportement différent de celui qu'ils adoptent dans la pratique de leur recherche. J'ai défendu avec vigueur le droit imprescriptible des chercheurs à disposer du maximum de liberté quant au choix et à la conduite de leur recherche. Le chercheur, tout particulièrement en recherche fondamentale, doit être libre de tenter des expériences audacieuses, de soutenir des théories révolutionnaires, voire paradoxales. En un mot, il doit disposer du droit à l'erreur. À cette culture de liberté, porteuse de créativité, doit se substituer une culture de responsabilité quand le chercheur communique avec le monde extérieur. S'il accepte le rôle d'expert, le chercheur doit quitter le microcosme dans lequel il est parfois enfermé et surtout ne pas tenter de « vendre » son propre domaine de recherche. La fonction d'expert doit être exercée de manière collégiale au sein de comités associant des scientifiques de compétences et de sensibilités différentes, qui doivent dans la mesure du possible tendre vers des positions consensuelles. J'ai observé que, paradoxalement, les spécialistes les plus pointus et donc les plus compétents techniquement ne faisaient pas les meilleurs experts dans leur domaine d'élection. Ainsi, j'exerce les fonctions d'expert avec plus d'objectivité dans les domaines où je ne me suis pas directement impliqué et qui sont donc plus éloignés de ma compétence. L'expert doit avant tout faire preuve de bon sens plutôt qu'imposer ses vues personnelles, même si elles sont originales. En aucun cas, la fonction d'expert ne doit être utilisée pour satisfaire aux besoins financiers de sa propre recherche. Face au décideur, la déclaration souvent entendue – « donnez-moi de l'argent, j'apporterai une réponse à vos questions » – est *a priori* suspecte, même si elle s'avère parfois justifiée. La lecture de la presse montre souvent une inversion entre les rôles de l'expert et du chercheur. Certains d'entre nous font preuve d'une grande prudence lorsqu'ils se savent jugés par leurs pairs, mais manifestent une assurance excessive face à des non-spécialistes. Dans ce domaine, la pression des médias peut facilement pousser les chercheurs à la faute. Une affirmation définitive, même mal fondée, aura toujours un impact médiatique supérieur à une prise de position nuancée qui exprime une absence de certitude. Le discours choc le plus facilement accessible consiste à surestimer ou au contraire à sous-estimer les conséquences d'un nouveau fléau potentiel. Le « savant qui ne sait pas » est une espèce impopulaire et peu crédible, l'honnêteté intellectuelle passant facilement pour de l'incompétence.

Pendant la courte période de ma vie où j'ai exercé les responsabilités de conseiller pour la recherche et la technologie auprès du Premier ministre, j'ai été confronté à des déclarations péremptoires et contradictoires qui rendaient difficile et aléatoire la prise de décision. De plus, dans beaucoup de domaines, les poursuites judiciaires systématiques dont sont menacés les experts en cas d'erreur d'appréciation transforment cette fonction, pourtant indispensable, en métier à haut risque. La parade la plus efficace consiste à défendre systématiquement les thèses les plus alarmistes. Une telle attitude permet à peu de frais de frapper l'opinion. Elle ne comporte aucun risque, car les prévisions alarmistes sont vite oubliées lorsqu'elles se révèlent erronées. Face à l'accumulation de catastrophes qui leur sont prédites, les responsables politiques ne sont alors plus en mesure d'opérer des choix stratégiques motivés.

L'émergence depuis une dizaine d'années d'un nouveau concept, le principe de précaution, a profondément bouleversé les conditions d'exercice de la fonction d'expert en forçant celui-ci à se projeter dans l'avenir bien au-delà de ce que la connaissance du moment et sa compétence lui permettent. Le principe de précaution représente une prise de conscience salutaire de la part du monde politique des dangers potentiels liés au développement de nouvelles technologies. Il n'en reste pas moins qu'une réflexion s'impose si l'on veut éviter qu'une application excessive de ce principe conduise à freiner ou même à interrompre tout progrès scientifique et technologique. Il s'agit là d'un enjeu majeur car une telle évolution irait paradoxalement à l'encontre du but poursuivi, nous laissant désarmés devant de futurs défis ou de nouveaux fléaux. Notre impuissance devant le sida est le résultat de l'insuffisance de nos connaissances en biologie fondamentale et en médecine ainsi que du sous-développement économique et technologique des pays les plus touchés. L'une des justifications majeures de la recherche fondamentale est de permettre à la société de réagir rapidement face à de nouveaux dangers, d'être « en avance d'une guerre ».

En dépit de la perception de plus en plus catastrophiste des conséquences des progrès de la connaissance, l'impact positif de la science est particulièrement évident dans le cas des pays industrialisés où l'on observe depuis le début de la révolution industrielle une amélioration considérable des conditions de vie de l'ensemble des citoyens. Un indicateur fiable de ces progrès est l'augmentation régulière de la durée de vie moyenne associée à une diminution spectaculaire de la mortalité infantile. Dans les sociétés les plus développées, la diminution régulière du temps de travail et plus encore la suppression du travail des enfants sont des conséquences directes des progrès technologiques. Le bilan dans les pays pauvres est beaucoup moins favorable, mais tout le monde s'accorde à penser que seuls les progrès de la science et de la technologie, associés à une meilleure répartition des richesses mondiales permettront de répondre aux défis colossaux posés par le développement des pays les plus pauvres. Tôt ou tard, il faudra faire des choix en pondérant les nuisances environnementales, potentielles ou réelles de certains progrès technologiques et les conséquences, particulièrement graves dans le domaine de la santé, d'une politique qui conduirait à un sous-développement économique. Il faut donc apprendre à introduire une hiérarchie entre les dangers potentiels qui nous menacent. L'application démagogique et irraisonnée du principe de précaution peut conduire, par exemple, à arrêter une campagne de vaccination, entraînant une augmentation de la mortalité infantile, sous le prétexte d'éviter un risque statistiquement faible ou même inexistant.

Les mouvements politiques « écologiques »

combattent avec beaucoup plus de vigueur les risques potentiels liés aux technologies nouvelles telles que le nucléaire ou les organismes génétiquement modifiés que les nuisances bien caractérisées qui résultent des activités industrielles et agricoles plus traditionnelles. L'exemple de la politique énergétique poursuivie par les pays industrialisés est particulièrement significatif. Face aux menaces que font peser sur l'avenir de la planète l'effet de serre, lié à l'accroissement permanent de la concentration de gaz carbonique, et l'effet des pollutions de toute nature sur notre santé, il est probable que nous paierons très cher le choix du « tout énergie fossile » qui caractérise la politique mondiale de l'énergie. Ce choix nous est dicté par la conjonction contre nature entre l'action de grands groupes industriels, principalement dans le secteur du pétrole, de l'automobile et du transport routier, et la politique des mouvements écologiques. Une telle affirmation peut choquer car j'ai conscience du combat courageux que mènent les écologistes en faveur des économies d'énergie, par exemple dans le transfert vers le rail d'une partie du trafic routier, grand consommateur d'énergie fossile. Il n'en reste pas moins que l'opposition violente que manifestent les écologistes contre l'énergie nucléaire risque de nous priver de la seule source d'énergie alternative actuellement disponible. Les énergies renouvelables, loin d'être actuellement compétitives – à supposer qu'elles le deviennent jamais –, ne sont pas en mesure de satisfaire les besoins en énergie des sociétés développées ou en voie de développement. En dépit des mises en garde des climatologues, la plupart des scénarios prévoient, pour les deux prochaines décennies, une augmentation et non pas un ralentissement du rejet dans l'atmosphère de gaz carbonique et de polluants. Les États-Unis, pourtant responsables de l'émission du quart des gaz à effet de serre, s'opposent, pour ne pas mettre en danger leur sacro-sainte croissance, à toute mesure les concernant qui tendrait à limiter la consommation de combustibles fossiles. Leur seule réponse à ces problèmes angoissants est la commercialisation des « permis de polluer », principe profondément immoral qui devrait leur permettre de poursuivre en toute impunité une politique énergétique scandaleuse. Il s'agit en outre d'une erreur sur le plan économique car le développement d'activités industrielles associées de près ou de loin à l'environnement peut représenter un gisement d'activités nouvelles susceptibles de stimuler la croissance.

Le nucléaire d'une part, les transports en commun d'autre part représentent cependant une alternative économiquement viable. L'amalgame entre les centrales nucléaires des anciens pays de l'Est, qui représentent un danger environnemental majeur, et celles beaucoup plus sûres des autres pays industrialisés entretient une terreur irrationnelle qui bloque le développement de la seule énergie alternative actuellement disponible.

La prise de décision face à l'inconnu reste l'exercice le plus difficile qui incombe aux politiques. Cependant, aucun choix technologique n'est innocent, et les politiques les plus sécuritaires peuvent se révéler à terme génératrices de catastrophes. On assiste actuellement à une montée des attitudes irrationnelles et parfois à l'émergence d'une nouvelle forme d'obscurantisme, particulièrement face aux problèmes liés à l'environnement et à la santé publique. Cette dérive est entretenue par des attitudes politiques démagogiques amplifiées par les médias. Elle traduit à la fois une perte de confiance dans la science et dans les progrès technologiques et une méfiance justifiée vis-à-vis d'une société dont la raison d'être n'est plus que le profit immédiat. C'est aux scientifiques de faire preuve de responsabilité en tentant de restaurer une image de la science qu'ils ont laissée eux-mêmes se dégrader.

Si je reste convaincu que le principe de précaution représente l'une des avancées majeures de la fin du siècle dernier, cette approche, qui est aujourd'hui essentiellement focalisée sur l'appréhension des dangers à venir, ne doit pas occulter ceux, bien réels, auxquels nous sommes déjà confrontés. L'utopie d'une société dont le risque serait exclu, qu'il s'agisse du risque individuel ou du risque collectif, conduira nécessairement à un monde sans avenir et, à long terme, menacé de disparition.

X

ÉLOGE DE LA DIVERSITÉ

Toute certitude, qu'elle concerne la science elle-même ou son mode d'organisation, est par essence contradictoire avec la philosophie de la recherche. Tenter d'imposer d'une manière exclusive une certaine conception de la recherche, y compris celle que je défends ici, limitera l'aptitude de la science à s'adapter à un avenir que personne n'est en mesure de prévoir. Il est essentiel de préserver un maximum de diversité et de souplesse dans les modes d'organisation de la recherche en évitant d'édicter des principes et des règles qui se révèlent toujours inadaptés à de nombreux cas spécifiques. La recherche doit être considérée comme une collection de cas particuliers qui doivent susciter autant de solutions originales et donc non généralisables. Toute instance en charge de l'organisation de la recherche doit donc accepter le désordre, parfois le provoquer, et surtout apprendre à le gérer. Il s'agit là d'un exercice auquel ne prépare aucune école de gestion, et c'est pourquoi, bien que souvent mauvais gestionnaires sur le plan technique, les chercheurs doivent, en fin de compte, rester maîtres de la décision au sein des grandes structures de recherche.

La diversité dans la science s'exprime tout d'abord par la multitude des disciplines et sous-disciplines scientifiques qui la constituent. Qu'y a-t-il de commun, tant au plan des concepts qu'à celui des techniques ou de l'organisation de la recherche, entre la physique des hautes énergies et la physique de la « matière molle » ? L'une s'intéresse à la nature des interactions entre particules élémentaires qui mettent en jeu des énergies fabuleuses, l'autre s'intéresse aux propriétés d'ensembles moléculaires complexes soumis à un jeu d'interactions dont les énergies sont un million de milliards de fois plus faibles. Qu'il s'agisse de la pratique expérimentale ou théorique, de la taille optimale des équipes ou des moyens financiers et techniques à mettre en œuvre, rien n'est commun entre ces disciplines. Doit-on en conclure que ces deux formes d'activités sont antinomiques et que l'une des deux doit disparaître ? Bien que je me sente plus d'affinité pour la physique dite « légère », qui reste à la dimension des individus, je suis convaincu que la physique des hautes énergies, et ses moyens techniques particulièrement coûteux, ne doit pas être abandonnée. Cette physique, qui explore des nouveaux états de la matière, nous aide à mieux comprendre l'origine de l'univers en nous rapprochant de l'instant du « big bang ». Cependant, à la différence de la physique légère, les investissements colossaux nécessaires ne peuvent être envisagés qu'à une échelle supranationale ou même mondiale. Des disparités presque comparables s'observent maintenant dans le cas de la biologie, longtemps considérée comme une science peu coûteuse. Dans beaucoup de domaines, elle met en œuvre des techniques de plus en plus sophistiquées. Le temps n'est plus où les biologistes moléculaires jetaient les bases de leur discipline en observant le développement de colonies bactériennes dans des boîtes de Petri. On assiste à l'émergence de nouvelles disciplines qui impliquent des approches systématiques et répétitives nécessitant d'importants moyens humains et matériels. Le déchiffrage du génome d'espèces de plus en plus nombreuses – bactéries, végétaux, animaux ou homme – donne un exemple de cette nouvelle biologie. En aval de ces recherches qui permettront à terme de connaître la structure primaire de l'ensemble des protéines et acides nucléiques du monde vivant se place la biologie structurale qui se propose de déterminer la structure tridimensionnelle de ces macromolécules. Les techniques de physique lourde comme la résonance magnétique nucléaire ou le synchroton, accélérateur de particules, sont indispensables à l'étude des structures moléculaires. Les polémiques récentes autour de la réalisation du synchrotron « Soleil » montrent que la biologie n'est plus à l'abri des controverses sur les choix entre science lourde et science légère qui ont marqué la physique.

La priorité accordée au développement de la biologie structurale, même si elle est en partie justifiée, peut conduire à une erreur stratégique majeure. Elle consiste à supposer que les propriétés fonctionnelles des êtres vivants peuvent être déduites de la simple connaissance de la structure des macromolécules. Cette approche, déjà erronée lorsqu'on tente de comprendre la fonction d'une macromolécule isolée, devient absurde lorsqu'on s'intéresse à des ensembles supramoléculaires associant un grand nombre de molécules ou *a fortiori* à des organites intracellulaires ou à des organes. Ces ensembles complexes, hors équilibre thermodynamique, associent de manière subtile ordre et désordre. Le cytoplasme d'une cellule, par exemple, n'est pas un ensemble de molécules réparties d'une manière aléatoire dans le sac membranaire que constituerait la cellule. Il s'agit au contraire d'un ensemble hautement organisé et soumis à des régulations subtiles. Aucune des méthodes classiques de la biologie structurale ne se prête à l'analyse de structures aussi complexes qui évoluent de manière permanente. Leur étude suppose de laisser libre cours à l'imagination en mettant en œuvre une grande variété d'approches techniques originales. Bien souvent, le chercheur sera conduit à une approche inverse de la démarche classique du structuraliste en tentant de reconstituer la structure de ces ensembles complexes à partir de leurs propriétés fonctionnelles.

Bien que les démarches mises en œuvre diffèrent profondément, il serait absurde d'opposer biologie structurale et biologie fonctionnelle. La structure des macromolécules représente l'une des bases indispensables, mais non suffisantes, de toute tentative de compréhension des mécanismes du vivant.

Je choisirai comme dernier exemple le cas des sciences de l'environnement. Il faut tout d'abord souligner que, bien que l'histoire de l'homme remonte à plus d'un million d'années, ce n'est que depuis un demi-siècle que l'homme, à travers l'explosion démographique et le développement industriel, est en mesure de perturber de manière significative les grands équilibres qui régissent la biosphère. Les scientifiques ont le devoir d'évaluer les conséquences à moyen et long terme de ces perturbations et de participer à l'élaboration de solutions acceptables sur le plan économique pour pallier les dangers potentiels qui nous menacent. Une telle prise de conscience est récente, et les sciences de l'environnement sont loin d'avoir atteint une maturité comparable à celle d'autres secteurs de la science. L'expérience que j'ai acquise en présidant d'abord le comité scientifique se consacrant à l'étude des conséquences des pluies acides sur la forêt française (programme DEFORPA), puis le comité scientifique du programme interdisciplinaire sur l'environnement du CNRS, m'a convaincu qu'aucune des recettes acquises dans d'autres domaines de la science ne peut être transposée au cas des sciences de l'environnement. Bien qu'il s'agisse d'une recherche finalisée qui s'efforce d'apporter des réponses dans des domaines essentiels pour l'avenir de la planète, la part d'inconnu est telle que des pans entiers de cette nouvelle discipline doivent laisser libre cours à l'imagination et à la créativité. De nombreux aspects de cette nouvelle discipline ne se prêtent donc pas à une programmation rigoureuse. Les chercheurs sont conduits à prendre en compte un grand nombre de paramètres pour tenter de quantifier des ensembles aussi complexes que l'atmosphère, les océans, la biosphère ou les sociétés humaines. Tous ces ensembles sont en interactions subtiles, ce qui rend difficile, et parfois encore hors de portée, la prévision des conséquences sur l'environnement de l'évolution de l'un ou de plusieurs de ces paramètres. Enfin, les échelles de temps propres aux variations de l'environnement s'expriment le plus souvent en dizaines d'années si ce n'est en siècles. De telles échelles de temps, et la taille des systèmes étudiés, rendent impossible une démarche expérimentale classique qui étudie les effets de perturbations volontairement introduites. Les sciences de l'environnement partagent avec quelques autres secteurs de la science, l'astrophysique par exemple, l'impossibilité d'opérer des allers-retours entre l'élaboration de modèles explicatifs et les approches expérimentales. La mesure passive des paramètres environnementaux, associée à un effort de modélisation mathématique dont la validité ne pourra généralement être vérifiée qu'à long terme, reste souvent la seule démarche possible.

La caractéristique la plus remarquable des sciences de l'environnement reste d'associer autour d'une même problématique toutes les disciplines scientifiques, depuis les sciences humaines jusqu'aux mathématiques, en passant par les sciences de la vie, la physique, la chimie et les sciences de la terre. D'une manière générale, le développement de recherches pluridisciplinaires, concept qui s'impose maintenant dans la plupart des disciplines scientifiques, est freiné par la compartimentation thématique qui caractérise les organismes de recherche et les universités. En outre, les chercheurs dont la compétence reste plus souvent limitée à un champ disciplinaire étroit sont séparés par des barrières d'ordre culturel et technique. L'organisation et la coordination des recherches sur l'environnement sont rendues encore plus difficiles par l'exceptionnelle multiplicité des champs disciplinaires impliqués. Faire collaborer autour d'un même projet des sociologues, des économistes et des juristes avec des physiciens, des chimistes et des biologistes relève de l'exploit et suppose de la part des chercheurs concernés un effort d'ouverture d'esprit qu'ils ne sont pas toujours disposés à consentir. Face aux attentes de la société, des solutions nouvelles différentes de celles mises en œuvre dans les disciplines traditionnelles doivent être imaginées. On peut, par exemple, envisager la création de grands instituts de l'environnement dans lesquels travailleraient en étroite synergie les chercheurs de toutes disciplines. On peut au contraire coordonner, à travers des structures de concertation originales, le travail d'équipes dispersées sur le plan géographique et qui resteront intégrées dans leur propre environnement disciplinaire. Bien que mes préférences aillent vers cette dernière solution, aucun modèle d'organisation ne doit être éliminé *a priori*. Dans tous les cas, la recherche sur l'environnement devra provoquer l'émergence d'un nouveau type de chercheurs, à la fois faisant preuve de compétence pointue dans leurs domaines d'élection et possédant une culture générale et une ouverture d'esprit suffisantes pour établir un dialogue constructif avec les chercheurs appartenant à des champs disciplinaires éloignés.

À la diversité de disciplines scientifiques et à la variété des modes d'approche qui leur sont associés doit répondre une diversité équivalente des chercheurs et des structures au sein desquelles ils travaillent. Toute tentative de définir une norme, par exemple lors du recrutement des chercheurs, se révèle immanquablement un facteur d'appauvrissement. Les chercheurs doivent être en mesure de développer leur propre style de recherche en harmonie avec la discipline choisie et de disposer de la liberté le plus complète possible. La seule barrière à ne pas franchir reste le respect des règles éthiques définies par la communauté scientifique nationale et internationale.

Il est maintenant exceptionnel qu'une recherche moderne puisse être développée par des individus isolés. La constitution d'équipes qui associent un nombre très variable de chercheurs et d'agents techniques s'impose dans la plupart des domaines de la science. La notion d'équipe, tout particulièrement en ce qui concerne la recherche fondamentale, n'implique pas l'effacement des personnalités. Chacun doit rester libre d'affirmer et de préserver son propre style de recherche, l'équipe associant ainsi des individus qui ne sont pas inter-changeables. Le travail en équipe génère souvent des conflits qui expriment les contradictions entre intérêt individuel et intérêt collectif. Il suppose donc un respect mutuel et la reconnaissance impli-cite des contributions de chacun. Les recherches pluridisciplinaires, qui associent des chercheurs et des personnels techniques de compétences différentes, conduisent plus facilement à la constitution d'équipes solidaires, dans la mesure où chacun est dépendant du savoir-faire des autres. Là encore, aucune règle ne doit être imposée. Des réussites majeures ont été acquises au sein d'équipes organisées autour de fortes personnalités qui impulsent d'une manière autoritaire le travail de l'ensemble du groupe. Dans la majorité des cas cependant, la fonction du chef d'équipe s'apparente plutôt à celle d'un chef d'orchestre qui doit laisser les talents individuels s'exprimer librement.

L'adéquation entre la personnalité et les dons d'un chercheur et son domaine de recherche est souvent le facteur crucial qui détermine la réussite ou l'échec d'une carrière. Le moment le plus important de la vie d'un chercheur est celui où il fait le choix du domaine auquel il va se consacrer. Ce choix s'opère souvent sur des convictions mal fondées, parfois naïves, qui préjugent de l'intérêt supposé de tel ou tel domaine de la science. Je voudrais convaincre les jeunes chercheurs que tous les domaines de recherche sont passionnants. L'important est qu'ils choisissent l'environnement scientifique où ils pourront le mieux exprimer leurs dons et leurs personnalités. Face aux difficultés de recrutement, les futurs chercheurs sont souvent conduits à accepter la première proposition qui leur est faite, rendant ainsi illusoire la possibilité de choisir. L'organisation de stages de courte durée dans différents laboratoires dès la maîtrise ou lors du diplôme d'études approfondies (DEA) devrait permettre aux candidats chercheurs – et aux directeurs d'équipe – de limiter les erreurs d'aiguillage dont les conséquences néfastes se poursuivront tout au long de leur carrière. À travers le style de recherche que le directeur d'équipe impose à son laboratoire, les affinités qui peuvent exister entre lui et le jeune chercheur me paraissent l'un des critères essentiels de ce choix. Certains chercheurs ne pourront exprimer leur originalité que dans un environnement leur laissant un maximum de liberté et d'initiative, alors que d'autres, moins disposés à prendre des risques, apprécieront un encadrement plus directif. Le mode de direction d'un laboratoire est certainement l'un des exemples où la diversité peut et doit s'exprimer le plus librement. L'ensemble des fonctions que devrait théoriquement assumer un directeur de laboratoire dépasse largement les possibilités d'un individu, si doué soit-il. Tout en assurant la direction scientifique de son équipe, un directeur de laboratoire est à la tête d'une petite entreprise dont le budget consolidé peut dépasser plusieurs millions de francs par an et dont la gestion est rendue de plus en plus difficile par la complexité des procédures administratives. Une de ses missions essentielles est d'obtenir les moyens humains et financiers nécessaires à la survie de son groupe. Le rôle du directeur est également d'assurer la communication avec la communauté scientifique. Il doit participer à la diffusion des résultats obtenus dans son équipe et assurer une veille permanente sur les progrès les plus récents de la science, qu'il s'agisse de son propre domaine ou de domaines connexes. Enfin, un directeur est censé poursuivre une activité de recherche personnelle, condition indispensable pour ne pas perdre le contact avec la réalité quotidienne de son métier. Face à cette multiplicité de tâches qu'il ne peut toutes assumer, chacun d'entre eux doit être libre de choisir le style de direction qui convient le mieux à sa personnalité et à ses dons. Il serait donc vain de tenter de définir et de réglementer la bonne manière de diriger un laboratoire. Ce désir d'homogénéisation des comportements se traduit par l'organisation de stages de formation qui font appel à des officines spécialisées grassement payées et auxquels doivent obligatoirement participer les directeurs nouvellement promus. Si une formation peut se révéler utile dans le domaine de la gestion financière, ces stages risquent de devenir franchement nocifs lorsqu'ils sont censés enseigner des recettes portant sur la « gestion des ressources humaines » dispensées par de soi-disant spécialistes qui n'ont connaissance ni du milieu ni de la pratique de la recherche. Ce type de démarche s'apparente à celle déjà couramment pratiquée dans le secteur privé par les mêmes spécialistes des relations humaines, qui prétendent définir des critères de recrutement tout en enseignant aux candidats les réponses qu'ils doivent fournir pour être sélectionnés. Ces méthodes conduisent chacun à masquer sa véritable personnalité derrière une attitude stéréotypée. Elles se traduisent par un appauvrissement des relations humaines et, en fin de compte, par une perte d'effi-cacité du fait de l'effacement des personnalités.

XI

CONCLUSION

Certains penseront que j'ai défendu ici une vision de la recherche trop ancrée dans le passé et dans la tradition. J'ai conscience d'avoir parfois volontairement forcé le trait pour marquer mon refus d'une pensée unique qui, sous couvert de modernisme, prétend faire table rase du passé.

À l'aube d'un siècle nouveau, la poursuite d'un effort de recherche réellement innovante me paraît plus que jamais d'actualité. Si le scientisme sans état d'âme du début du XXe siècle prête maintenant à sourire, la montée actuelle de l'irrationnel et de l'obscurantisme me paraît un danger beaucoup plus menaçant. Seule une meilleure compréhension du monde qui nous entoure permettra de répondre aux interrogations et aux angoisses de l'ensemble des hommes. De même, le progrès technologique, indissolublement lié à celui de la connaissance, est une condition nécessaire, bien que non suffisante, pour répondre aux deux problèmes fondamentaux qui se posent à l'humanité : la misère d'une majeure partie de la population mondiale et la sauvegarde de l'environnement.

Je suis convaincu que la recherche, considérée comme un espace de liberté et de création, a encore de beaux jours devant elle. Encore faut-il que les chercheurs de toutes générations s'opposent à une évolution qui les éloigne de leur véritable vocation de créateurs. La recherche doit rester une terre de jeu et d'aventure où s'exprime le goût du risque et de la contestation. « Chercheurs de tous pays, unissez-vous ! » me paraît un slogan d'actualité, car aucune nation n'est à l'abri des dérives qui gangrènent la recherche.

Les maîtres mots « compétitivité », « mobilité », « rentabilité », qui constituent la panoplie du parfait administrateur de la recherche, devraient être tempérés en offrant aux chercheurs d'autres perspectives plus respectueuses des choix et de la personnalité de chacun.

Je tenterai de transposer à la science la notion de biodiversité, chère au cœur des écologistes. Tout en s'adaptant à la réalité du monde moderne, les modes d'organisation de la recherche doivent respecter la diversité des cultures et des disciplines scientifiques ainsi que la personnalité de ses acteurs. S'il n'est pas possible de prédire la place réservée dans l'avenir à une recherche fondée sur l'expression de la créativité individuelle, je revendique pour certains, ne serait-ce qu'au nom de la défense des espèces en voie de disparition, le droit de continuer à exercer notre métier avec passion en préservant les valeurs sur lesquelles les progrès de la science ont été jusqu'ici fondés.

TABLE

Imprimé par Lightning Source France
1 avenue Gutenberg
78310 Maurepas

N° d'édition : 7381-0940-Y

www.ingramcontent.com/pod-product-compliance
Lightning Source LLC
Chambersburg PA
CBHW051823150726
47998CB00001B/264